JN075921

ビュージェイエス

Vue.js

ビギナーズガイド
3.x対応

ushironoko 著

C&R研究所

▌PROLOGUE

　本書を執筆する際にきっかけとなったのは、前身となる「基礎から学ぶ Vue.js」の著者である mio さんと、筆者の知人である STUDIO 株式会社の miyaoka さんにお声がけいただいたことでした。

　当初、Vue v3 は β 版がリリースされて間もないころで、本を書くにしてもほとんど情報がない状態でした。そんな中、縁あって入社したストアーズ・ドット・ジェーピー株式会社（現ヘイ株式会社）では、積み重なったレガシーな Vue v2 コードで溢れていました。

　月日が流れるうちに Vue v2 でも v3 の一部機能を利用できたり、ワークアラウンド的な知見がコミュニティに共有されはじめ、徐々に注目が高まっていきました。私自身も情報の波に乗り、いち早く自社で Composition API を v2 プロジェクトに導入しようと思ったことが執筆の第一歩となりました。

　v3 の情報をしっかりまとめられるまでかなりの時間を要しており、正式版がリリースされてから早くも半年以上が経過しました。v3 のプロダクション利用の事例も少しだけ聞くようになってきた今、本書を発売することが Vue.js コミュニティにとってさらなる追い風となることを願っています。

　本書はまだまだシェアされていない Vue.js v3 における一般的な開発手法やパターン、モダンな周辺ツールとの組み合わせ方からテストまで一通りキャッチアップできるように書きました。これから Vue.js を始める方にも、今後もっと Vue.js を続けていく方にも有益な情報を届けられるものを書いたつもりです。各所にちりばめたコラムは、実際のソースコードから得たヒントや、プロダクション運用をしていて経験した内容をまとめたものです。

　また、本書の後半は初学者の方にはやや難しい内容になっており、Web 開発をある程度経験した方にとっては馴染みやすいものです。なるべく必要最低限の知識と説明で進めていけるように工夫をしているので、ぜひチャレンジしていただきたいです。

　一方で、残念ながら収まりきらなかった内容もいくつかあります。本書より踏み込んだ内容について、機会があればこれからも積極的に発信していきたいと思っています。

　改めて、Vue.js へ貢献できる機会をいただいた C&R 研究所さま、長期になってしまった執筆業を支えてくださった方々へ感謝を申し上げます。

2021年6月

ushironoko

本書について

対象読者について

　本書は、HTMLやCSS、JavaScriptなどの基本知識や、ある程度のフロントエンドの開発
経験がある読者を対象にしています。それらの基礎知識については説明を割愛していますの
で、あらかじめご了承ください。

動作環境について

　本書では執筆時点での開発環境を想定した内容になっています。基本的にはmacOS上で
の操作を前提としているため、他環境をお使いの方は適宜読み替えてください。

- macOS BigSur 11.2.3
- Node.js 14.7.0 以上
- npm 6.14.5 以上
- Vue.js 3.0.5 以上

　その他ライブラリなどの細かなバージョンについては本文に記載しています。

ソースコードの差分について

　本書ではソースコードのサンプルを記載することがあります。もとのソースコードからの変更
があった場合、+ か - で行ごとに差分を記述しています。

```
<div>
- <NumberInput />
- <BaseButton>insert</BaseButton>
+ <InputText />
+ <PrimaryButton>insert</PrimaryButton>
</div>
```

本書に記載したソースコードの中の▼について

　本書に記載したサンプルプログラムは、誌面の都合上、1つのサンプルプログラムがページ
をまたがって記載されていることがあります。その場合は▼の記号で、1つのコードであること
を表しています。

▮ サンプルについて

本書のCHAPTER 05「UIコンポーネントライブラリで学ぶVue v3」にて実際に開発するコンポーネントは、下記のリポジトリで完成されたものを確認できます。

URL　https://github.com/ushironoko/ushironoko-ui-components

▮ 本書の内容に関する連絡先について

本書の内容に関する質問などは、著者のTwitterアカウントである @ushiro_noko へ連絡をいただくか、ハッシュタグ #vue3_beginners_guide でツイートいただけると幸いです。

CONTENTS

■CHAPTER 04

Composition API

■ CHAPTER 05

UIコンポーネントライブラリで学ぶVue v3

■APPENDIX

Deep Dive Vue.js v3

CHAPTER 01

Vue.jsとは

この章では、Vue.jsの簡単な紹介をします。Vue.jsとは何をしてくれるのか、どうして使われるのかなどをざっくり学んでいきましょう。

Vue.jsについて

Vue.jsは、2014年に元GoogleのエンジニアであるEvan You氏が開発したフレームワークです。

● Vue.js v3のドキュメント

URL https://v3.vuejs.org/

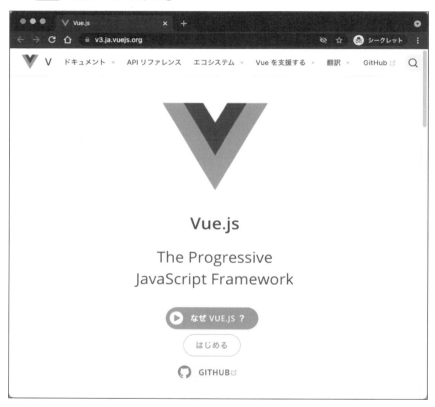

Vue.jsは簡単に表現するならば、「UIを宣言的に記述するためのライブラリ」です。**宣言的**という言葉はVue.jsに限らず、昨今のフレームワークでは重要な要素として広まりつつあります。

あるデータが存在するとき、フレームワークはそのデータ構造を用いてUIを構築し、画面に出力します。そして何らかの原因でもとのデータが変化した際には、フレームワークは自動的にUIを再構築して画面へ反映させます。

これがVue.jsの行う最も強力な仕事であり、基本的な機能になります。規模の大きいアプリケーションではデータはさまざまな場所から参照されるため、その依存関係を追跡するには大変な労力が必要です。Vue.jsはこれを最適化された状態からより抽象度を高めて開発者へ提供してくれます。この機能は「リアクティブ（反応的）」と表現されます。

さて、Vue.jsの転機となったのはバージョンが2.x系へ上がったころでした。1.x系で見えてきた多くの課題が解決され、ReactやAngular2といった人気のあるフレームワークと肩を並べるようになりました。

また、このころにはより多くのユースケースに対応できるよう開発された、Nuxt.jsというフレームワークもリリースされました。Nuxt.jsはVue.js開発における頻出パターンをビルトインとして組み込んだり、自動化をしてより一層、生産性を向上させることができます。

● Nuxt.jsの公式サイト

URL https://ja.nuxtjs.org/

本書では今までVue.jsを利用していてさらにv3について学びたい方、Vue.jsを始めるけどv2とv3のどちらを使えば良いのか悩んでいる方を対象にしています。そもそもフレームワークを使うのははじめてだという方にも、Vue.jsの魅力やフレームワークの魅力が伝われば幸いです。

‖ Vue.jsが支持され続ける理由

Vue.jsは近年のWebフロントエンドにおける「フレームワーク」という領域で一定の知名度を得ています。

Vue.jsが他のフレームワークと比べて優れているとされているものの1つに、さまざまな言語に翻訳されたドキュメントがあります。Vue.jsのドキュメントは有志のメンテナによって更新されており、日本でも多くの開発者が翻訳作業に参加しています。

ライブラリやフレームワークと呼ばれるものは、国境を越えて様々なプロジェクトで使われます。質の良いローカライズされたドキュメントが、参入障壁を大きくさげています。

URL https://github.com/vuejs/vuejs.org

また、本書を書くきっかけにもなったVue.js v3のリリースなど、開発者にとってより良い機能や仕組みが今も開発・メンテナンスされ続けています。Vue.jsはもともと小規模から中規模のプロジェクトに向いているフレームワークだといわれていました。実際にその指摘は遠からず当たっており、大規模な開発においてVue.jsの機能では対処しにくい場面に遭遇する人が増えていました。

2019年には大規模開発まで幅広くカバーできるように、より開発者がコントロールしやすく、DXも向上させたあらたなバージョンの開発がはじまりました。これにより、Vue.jsはさらに多くの開発者にとって価値のあるものとなりました。継続的に成長をしている点も、開発者にとっては重要な要素です。

‖ Vue.jsの採用事例

2020年にはGitHubのスター数が17万を超え、ReactやAngularなど、他のフレームワークをしのぐほどになりました。また、JavaScriptのその年の利用動向を集計している「State of JavaScript」では2019年の時点で利用者が大幅に伸び、興味を持っている開発者が増えていることが紹介されています。

URL https://2019.stateofjs.com/overview/

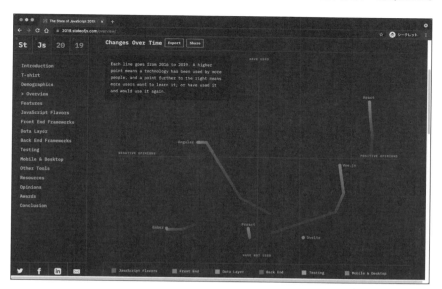

　日本でもLINEといった大手企業から、hey、STUDIOなど中規模以上のWebアプリケーションを開発するプロダクトにも採用されています。下記は、これらのプロダクト開発に携わっている開発者の声です。

▼LINE開発者の声

Vue.jsは多くのLINEサービスで利用しています。一部ではNuxt.jsを用いたサーバーサイドレンダリングも行っており、大規模なネイティブアプリでの運用にも耐えられる柔軟性のあるフレームワークです。

▼hey開発者の声

サービスの中心となる共通で利用されるコンポーネント開発に用いています。昨今のトレンドであるTypeScriptとの相性が改善され、開発体験と信頼性の向上を感じます。サービスのスケールに耐えうる設計をする上で必要な機能が揃っており、特にデザインに関する仕組みはデザイナーが理解しやすく重宝しています。

▼STUDIO開発者の声

STUDIOではデザインのプロトタイプを作る上で扱いやすいフレームワークとしてサービス開始当初からVue.jsを利用しており、SSRが必要な部分ではNuxt.jsも活用しています。最近ではコンポーネント依存になってしまっていたロジックをComposition APIに置き換えてプロダクトコードの整理を進めています。

　Vue.jsの利用はモダンなWeb開発にとどまらず、ネイティブアプリケーションの開発やレガシープロジェクトからの移行、複雑なGUI操作を伴うアプリケーションの開発など、多岐にわたる用途で活躍しています。

Vue.jsを支えるエコシステムとコミュニティ

Vue.jsは開発者のためのツールを多く提供しています。また、コミュニティの活動も活発です。

▌ エコシステム

Visual Studio Codeでの開発時にTypeScriptの型検査やシンタックスハイライトをサポートする拡張機能である**Vetur**（https://vuejs.github.io/vetur/）や**Volar**（https://github.com/johnsoncodehk/volar/）、ブラウザでコンポーネントの状態、イベント、パフォーマンス計測などができる**vue-devtools**（https://devtools.vuejs.org/）、Vueプロジェクトに対応して非常に早い開発ビルドでDX向上に役立つ**Vite**（https://vitejs.dev/）など、公式で開発・支援されているものが多い点も安心感があります。

v3がリリースされてからはコミュニティの活動も活発になっており、Options APIに変わる新たなAPIであるComposition APIを軸にしたユーティリティライブラリである**VueUse**（https://vueuse.org/）、同じくv3に対応したi18nライブラリの**vue-i18n**（https://github.com/kazupon/vue-i18n）など、より一層の盛り上がりを見せています。

▌ コミュニティ

Vue.js日本ユーザーグループでは勉強会やLTを主催したり、メンバーが登壇者としてさまざまな場へ赴き、Vue.jsのイマを広めてくれています。Slackワークグループでは日々、質問やアップデート情報が流れており、コミュニティの活性化も図っています。

- ● Vue.js日本ユーザーグループ
  `URL` https://vuejs-jp.org/

▌ この章のまとめ

この章ではVue.jsについての紹介をしました。Vue.jsは今もなお多くの開発者に支持されるフレームワークです。もし紹介したツールやコミュニティに興味があれば、ぜひコミットしてみてください。

CHAPTER 02

Vue v3とは

この章では、Vue.jsの最新バージョンであるv3についての基礎知識をさまざまな切り口で学んでいきます。v2と比べてどこが変わったのか、なぜ変わる必要があったのかを意識して読んでみてください。

転換期だったVue.js v2

　Vue.js v2がリリースされた際には内部的なコードの見直しがされ、その多くが書き直されることになりました。仮想DOM採用によるレンダリングのパフォーマンス改善、JSXのサポート、サーバーサイドレンダリングの対応などです。詳細は今でも公式のRecent Postsで見ることができます。

● Recent Posts
URL https://jp.vuejs.org/2016/10/01/here-2.0/

　Vue.jsが日本で広く普及して支持されるようになったのはこのころからで、周辺ツールの充実化もあってさまざまなプロジェクトで利用されるようになりました。たとえば、Vue.js プロジェクトのスキャフォールディングを支援するVue CLI(https://cli.vuejs.org/)というツールは、次のようなコマンドを実行するだけで開発環境のセットアップが一通り終わらせられます。

```
vue create my-project
```

　開発者は煩わしいプラグインやライブラリのインストール、設定ファイルの記述などはすべてツールに任せることでより一層、アプリケーション開発に集中できます。しかし、普及に伴い大規模な開発環境にも利用されるようになっていったことで、これまで見えていなかった課題がはっきりとわかるようになりました。

COLUMN　小〜中規模向けのフレームワークだった？

　v2のころのVue.jsは小規模から中規模開発向けのフレームワークとして各所で紹介されていました。しかし、多くの場合、成長するプロダクトはコードベースをスケールさせる必要性が生じることになります。Vue.jsがこれから紹介する課題と向き合うことになったのは、必然だったといってもよいでしょう。

フレームワーク	小規模	中規模	大規模
Angular2	×	○	○
React	△	○	○
Vue	○	○	△

　このような表を一度は目にしたことがあるかもしれません。

Vue.js v3での変更点

どのように変わったのかを見ていく前に、Vue.js v3についてもう少し踏み込んで知っていきましょう。「Vue 3」と表されるこのアップデートの中で特に影響を受ける部分は、大まかに次の点が含まれています。

- 追加
  - Composition APIの提供
  - TeleportやSuspenseなどの新たな組み込みコンポーネントの提供
  - フラグメントの追加
  - emitsオプションの追加
  - <script setup>構文の追加
  - styleのv-bind機能の追加
- 変更
  - グローバルAPIの仕様変更
  - v-modelの仕様変更
  - $attrsの仕様変更
  - Scoped CSSの仕様変更
- 廃止
  - filter APIの廃止
  - 関数コンポーネントの廃止
  - Event Emitter APIの廃止
  - $listenersの廃止

変更点に関しての詳細をより詳しく知りたい場合は公式マイグレーションドキュメントを参照してください。

URL https://v3.ja.vuejs.org/guide/migration/introduction.html

他にもTypeScriptサポートの強化やレンダリングパフォーマンスの最適化など細かな調整がされています。また、一部はv3.0の時点で実験的な機能として提供されており、今後、APIが修正される可能性もあります。

02 Vue v3とは

COLUMN　　**グローバルAPIの仕様変更**

　v2時代のVue.jsですら、他のライブラリと比べてサイズが小さいことが有名でした。Reactは本体で116KBあり、Vue.jsはさらに小さい91KBです。しかし、まだ最適化できるものが残っていました。それはTree Shakingの対応です。

　Tree Shakingとは、バンドラーと呼ばれる複数のjsファイルで構成されているアプリケーションを1つのjsへまとめることができるツールが持つ機能です。バンドラーは到達不能なコードや使われていないモジュールなどを静的に検知することでそれらを除外し、バンドル（生成される単一のファイル）サイズを小さくできます。

　v2ではVueの持つ一部のグローバルAPIはTree Shakingできず、利用されていないにもかかわらずバンドルに含まれていました。v3からは除外でき、ファイルサイズは13〜22KBになるとされています。この機能はVueのコアな部分を書き換える必要があり、メジャーバージョンアップとしてv3に含まれました。

コードに見るVue.js v2の課題

v2時代の最も大きな課題は主に2つあります。それは「論理的なコードの編成能力」と「ロジック抽出機能」の欠如です。双方ともOptions APIと呼ばれる機能に起因するものです。

⫿ コードの編成

大規模な開発ではさまざまな開発者が長期にわたりコードを保守していきます。当然、要件追加によってコンポーネントも肥大化するので、開発者はコードリーディングしやすいように設計したいと考えます。

しかし、Options APIではプロパティごとに処理を記述するという特性上、関連するコードがファイル内で散らばることになります。

たとえば、次のようなユーザーのデータからリポジトリ一覧をAPIより取得するコンポーネントがあったとします。

※ 下記のコードは「https://v3.vuejs.org/guide/composition-api-introduction.html#why-composition-api」より抜粋しています。

```
<script>
export default {
  components: { RepositoriesFilters, RepositoriesSortBy, RepositoriesList },
  props: {
    user: { type: String }
  },
  data () {
    return {
      repositories: [], // 1
      filters: { ... }, // 3
      searchQuery: '' // 2
    }
  },
  computed: {
    filteredRepositories () { ... }, // 3
    repositoriesMatchingSearchQuery () { ... }, // 2
  },
  watch: {
    user: 'getUserRepositories' // 1
  },
  methods: {
    getUserRepositories () {
      // using `this.user` to fetch user repositories
    }, // 1
    updateFilters () { ... }, // 3
  },
```

▼

```
  mounted () {
    this.getUserRepositories() // 1
  }
}
</script>
```

このコードには役割が3つあります。

1 propsから受け取ったユーザーデータをもとに外部のAPIからリポジトリ一覧を取得する。

2 searchQuery文字列を使い、リポジトリを検索する。

3 フィルタリングされたリポジトリを管理する。

　　`data` プロパティにある値を用いる処理が、`computed` や `methods` に分散しています。コンポーネントでやりたいことが増えれば増えるほど、同じ値に関心を持つ処理が離れていき、コードが追いにくくなります。Options APIでは処理を「プロパティ」で分類することが強制されていました。

　これは小さなコンポーネントではあまり問題になりません。むしろ、テンプレート内の処理や値からたどるときには便利でしょう。開発者はそれらから「この値はどこからきているのか」を推測したり、時にはエディターの力を借りてコードジャンプできます。

　長期の開発によりコンポーネントが肥大化したり、複雑なロジックをまとめているコンポーネントにおいてはこの問題は顕在化します。コードを論理立てて整理しようにも、Options APIの制限を超えられないため限界があります。処理の関心事でコードをまとめるにはその制限を突破する必要があります。

▐▌▌ ロジック抽出機能の欠如

　Vue.jsは特殊な構造のファイルを用いてUIを構築します。たとえば、下記はOptions APIの簡単なサンプルコードです。

```
<template>
  <div>
    <h1>Hello!</h1>
    <div>I am {{ createFullName }}</div>
  </div>
</template>

<script>
export default {
  data() {
    return {
      firstName: 'Evan',
      lastName: 'You',
    }
  },
```

```
computed: {
  createFullName() {
    return `${this.firstName} ${this.lastName}`
  },
},
}
</script>
```

　簡単に説明すると、`createFullName()` は `firstName` と `lastName` を連結して
ユーザーのフルネームを作る関数です。 `<template></template>` タグには、HTMLを
書くことができます（テンプレートタグと呼ばれます）。 `{{}}` という見慣れない表記があります
が、この部分にはJavaScriptを書くことができます。

　`{{ createFullName }}` の結果は `Evan You` になります。ここでVueが行ってい
るのは、「ある状態を用いて処理を行い、結果をテンプレートで出力する」というものです。
`createFullName` をJavaScript的な表現にすると、次のような感じでしょうか。

```
// 2つの文字列を受け取ってフルネームを作る関数
const createFullName = (firstName, lastName) => `${firstName} ${lastName}`;

// 引数を変化させれば返る値も変わる
console.log(createFullName('Evan', 'You')); // 'Evan You'
console.log(createFullName('Alan', 'Kay')); // 'Alan Kay'
```

　JavaScriptでは引数を変化させることで処理を変えることなく値を変化させることができま
す。一方、Vueでは定義した値を `this` というコンテキストから参照することで入力値を変化
させます。

　先のサンプルコードでは、`data` というVueのプロパティにて `firstName` と `lastName` を
定義し、それを `createFullName` 関数から参照して利用していたのです。

　重要なのは、`firstName` と `lastName` はいつでも変更できるということです。また、これ
らの値はリアクティブ化されるので、データの変化があるたびに `createFullName` 関数は
Vueによって自動的に再実行されます。

　さて、`firstName` と `lastName` は変更できるのでした。つまりこれは、JavaScript関数
で表現した引数と同じように振舞うと説明できます。これらの値は `'Evan'` と `'You'` に限定
しなくともよいし、再代入による変更が可能です。

　また、`firstName` と `lastName` は保存されるときにはそれぞれ別のカラムとして登録さ
れることが推測できます。この場合、ユーザーのフルネームを表示したい場所では都度、フロ
ントエンドで連結する必要があります。

　入力値が固定でなくさまざまな場所で使える場合、多くの開発者はできれば1つの処理を
共有したい、と考えるでしょう。ロジックが各所に散らばるとリファクタリングやテストが難しくなる
可能性もあります。ロジックを共有したいとき、Vue.js v2時代ではいくつかのアプローチがあり
ました。

1 createFullName関数を別ファイルに定義し、コンポーネントにimportして利用する。

2 コンポーネントで利用するオプションを外部ファイルへ切り出す機能を利用する(mixins)。

3 Vuexのような外部にロジックを持つことができるライブラリを利用する。

どれも現在進行形で多くの開発者が行っているアプローチです。**1**は比較的低コストですが、次のようなコードになってやや冗長です。Vueでは一度、`computed` や `methods` といった特有のプロパティに登録しないと、関数を使うことができないためです。

```
import { createFullName } from './utils';

export default {
  computed: {
    createFullName() {
      return createFullName(this.firstName, this.lastName);
    },
  },
};
```

2はVueの持つ `mixins` という機能を利用するもので、`export default {...}` の部分を丸ごと別のファイルに定義できます。外部定義したmixinは複数のコンポーネントから利用できるため、ロジックの共通化を行いたい場合によく利用されています。

SAMPLE CODE mixins/UserName.js

```
export default {
  data() {
    return {
      firstName: 'Evan',
      lastName: 'You',
    };
  },
  computed: {
    createFullName() {
      return `${this.firstName} ${this.lastName}`;
    },
  },
};
```

SAMPLE CODE components/UserName.vue

```
import UserName from './mixins/UserName.js';

export default {
  mixins: ['UserName'], // mixinの内容がコンパイル時に展開される
};
```

　多くの場合、ロジックの共有は `mixins` を用いて解決できます。ただし、万能というわけではなく、デメリットもいくつか存在します。たとえば、mixin同士でプロパティの名前が被った場合、うまくマージできないため動作しなくなってしまいます。

　これは自身の開発コードだけでなく、利用しているライブラリのmixinとも衝突し、そうなった場合解決は難しいでしょう。`mixins` はJavaScriptにおける直感的なファイルスコープ管理を活かせないという問題があります。

　3はVuexという状態管理ライブラリを用いるものです。Vuexは、Fluxアーキテクチャをベースに状態をVueコンポーネントの外側で管理するライブラリです。

● Vuexとは何か？

URL https://vuex.vuejs.org/ja/

　Vuexは、ユーザーからのアクションを起点に管理している状態を変化させることができ、複雑なロジックも記述できます。たとえば、フォームの値をVuexに入れておき、フォーカスが外れたときに最新の値をVuexへ送り、その値をバリデーションチェックにかけるといったことも可能です。値に対する複雑な処理（副作用）はすべてコンポーネントの外側で管理するようにしよう、という考え方です。

　これは多くの開発者がとったアプローチです。しかし、Vuexの特性である「どこからでも参照できる」ことや「状態が非常に大きくなる」という危険性に注意を払いきれず、ロジックを無計画に入れてしまい、巨大で複雑なシステムを生み出す原因になりました。

　Vuexは本来、Fluxアーキテクチャを導入することが意図された目的でしたが、さまざまなユースケースで利用できるため、複雑化し、クリーンな設計からそれていくこともあります。また、TypeScriptとの相性の悪さなどが原因で時代が進むにつれ、負債化を招くケースもありました。

▋▋▋ v2時代の2つの課題まとめ

　Vue.js v2時代の最も大きな課題は、「Options APIの特性上、論理的にコードをまとめられない」こと、「シンプルさを保ったままにロジックを使いまわせる機能が不足している」ことでした。開発規模が大きくなるほどこの問題は顕著になり、開発者は試行錯誤していました。

Composition APIが解決するv2時代の課題

　Composition APIは中規模から大規模アプリケーション開発向けに用意された、関数として提供されるAPI群の総称です。これまでのVueでは、コンポーネントに次のようなオプションオブジェクトを定義することで処理を記述していました。

```
<template>
  <div>
    <h1>Hello!</h1>
    <div>I am {{ createFullName }}</div>
  </div>
</template>

<script>
export default {
  data() {
    return {
      firstName: 'Evan',
      lastName: 'You',
    }
  },
  computed: {
    createFullName() {
    return `${this.firstName} ${this.lastName}`
    },
  },
}
</script>
```

　先ほどの例と同じものです。 `createFullName` 関数を共有したい場合、Options API ではうまく表現できませんでしたが、Composition APIはその問題を解決します。単純に置き換えた場合の例を見てみましょう。

```
<template>
  <div>
    <h1>Hello!</h1>
    <div>I am {{ fullName }}</div>
  </div>
</template>

<script>
import { ref, computed } from 'vue'

export default {
```

▼

```
  setup() {
    const firstName = ref('Evan')
    const lastName = ref('You')
    const fullName = computed(() => `${firstName.value} ${lastName.value}`)

    return {
      fullName,
    }
  },
}
</script>
```

まず注目すべきなのが、**vue** から機能単位でインポートしている部分です。v3ではVueのリアクティブな機能はすべて関数単位で分割され、インポートできます。また、**data** や **computed** といったプロパティの代わりに **setup** というプロパティがあります。これは **vue** からインポートした関数を実行するためのエントリーポイントとなるものです。

v2では **data** と **computed** はプロパティ単位で分断され、**this** コンテキストから参照していましたが、v3からはこのように1つの実行用プロパティの中で記述できます。これらは純粋な関数のように振舞うため、JavaScript開発者がより直感的に設計できるようになっています。

Composition APIは最終的に実行される場所が **setup** の中でなければならないという制約があります。言い換えれば、実行される場所が **setup** 内であればコード自体はどこで定義されていても構わないということになります。

SAMPLE CODE composables/createFullName.js

```
import { computed } from 'vue';

export const useFullName = (firstName, lastName) => {
  return computed(() => `${firstName.value} ${lastName.value}`);
};
```

SAMPLE CODE components/UserName.vue

```
<template>
  <div>
    <h1>Hello!</h1>
    <div>I am {{ fullName }}</div>
  </div>
</template>

<script>
import { ref } from 'vue'
import { useFullName } from './composables/createFullName'

export default {
  setup() {
```

```
const firstName = ref('Evan')
const lastName = ref('You')
const fullName = useFullName(firstName, lastName)

return {
  fullName,
}
},
}
</script>
```

　この **useFullName** 関数はインポートすることであらゆるコンポーネントに導入できます。「シンプルさを保ったままにロジックを使いまわせる機能が不足している」という課題を純粋なJavaScriptのモジュール機能を利用して解決できます。

　さらに **setup** 内の構造は自由に開発者が組み立てられるため、値とそれに対する操作を論理的にまとめることができます。Composition APIは、「APIの特性上論理的にコードをまとめられない」という課題も同時に解決したのです。

▌▌▌ この章のまとめ

　この章ではv3になってより便利かつ軽量になった部分と、大規模なVue.js開発によって浮き彫りになったOptions APIが苦手とする部分は何か、それをComposition APIがどのように解決したのかなどを学びました。この後の章からは実践編になるため、PCの準備をしておくとよいでしょう。

CHAPTER 03

Vue v3を体験しよう

この章ではVue.jsアプリケーションの基本を体験していきます。また、環境構築もこの章で行うので可能であればPCの準備をしておきましょう。

環境構築

Vue.jsはJavaScriptで書かれたライブラリです。JavaScriptは本来ブラウザ上でのみ動作する言語でしたが、2010年ごろに**Node.js**と呼ばれるJavaScriptの実行環境が開発され、ブラウザの外でも動作させられるようになりました。

昨今のフロントエンド開発ではこのNode.jsを用いてバンドラーを使ったり、より高度な言語機能のビルドを行ったりします。Vue.jsでは特殊な拡張子のファイルを用いるため、Node.jsを用いてjsファイルへと変換し、htmlで読み込む必要があります。

とはいえ普段開発者がこれらの複雑な設定やツールの動作を直接触ったり覚えたりすることは少なく、ほとんどのケースでライブラリやフレームワークの標準設定によって動作します。しかし、Vue.jsはアプリケーションのUI構築にのみ焦点を絞っており、ビルド方法などを自身で指定していません。

そのため、本章ではVue.jsでアプリケーション開発するための設定を一括で提供してくれるライブラリを用いて進めていきます。

▌▌Node.jsのインストール

Vue.jsをインストールするためにもNode.jsが必要不可欠です。Node.jsは公式サイトで各プラットフォーム向けのインストーラが配布されているため、それを用います。

URL https://nodejs.org/ja/

　注意点として、最新版ではなく「LTS」版をインストールしてください。目印として、バージョン番号が偶数のものがLTS、奇数のものは最新版となっています。LTS版は機能が安定しており、長期のサポートを受けられるものです。最新版では実験的な機能が含まれているもので動作が不安定なため、新機能目当てでなければ常にLTS版を利用しましょう。

　インストーラを起動すると、次のようなインストーラが起動します。基本的には「続ける」ボタンをクリックして進めていきます。インストールされるのはNode.js本体と、Node.js製パッケージを管理するマネージャであるnpmです。開発時にはこのnpmを用いてVue.jsなどの開発用ライブラリをインストールし、管理していきます。

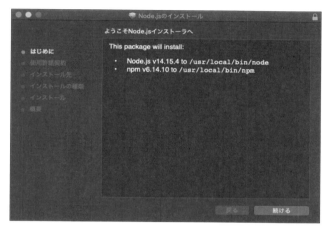

　使用許諾契約を読み、「同意する」ボタンをクリックしたあと、そのままインストールを行ってください。

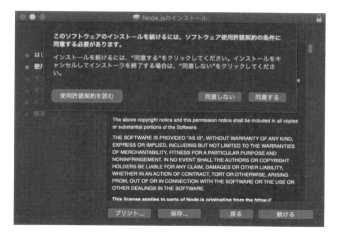

03

Vue v3を体験しよう

31

　使用許諾契約を読み、「同意する」ボタンをクリックしたあと、そのままインストールを行ってください。インストール完了後にターミナルで次のコマンドを実行して、バージョンが表示されていればインストールが成功しています。

```
node -v // Node.jsのバージョンが表示される
```

```
npm --version // npmのバージョンが表示される
```

　あるいは普段「Homebrew」や「Scoop」のようなパッケージマネージャを使っている場合はそちらからインストールしてもよいでしょう。パッケージマネージャからインストールした場合でもnpmは付属されています。同様に、インストール後にバージョン表示ができるかを確認しましょう。

● Homebrew

　　URL　https://brew.sh/index_ja

● Scoop

　　URL　https://scoop.sh/

```
brew install node
```

```
scoop install node
```

COLUMN　　うまく動作しない場合

　　最新版のインストーラではパスの登録などは自動でやってくれるため、ほとんどの場合はターミナルの再起動で解決します。もしも解決しないときは、Node.jsやnpm本体へのパスが通っていない（登録されていない）ことが考えられます。インストーラを起動した際にインストール先のディレクトリが表示されているため、使用しているシェルの設定ファイルへパスを追記しましょう。

▐▐▐ viteのインストール

　フロントエンド開発では基本的にはNode.js製のライブラリをnpmからインストールすることで開発を進めて行きます。先ほど説明した通り、高度なJavaScriptファイルの処理などを行うためにはNode.jsが必要不可欠です。しかし、いってしまえばフロントエンド開発のみに焦点を絞った場合、Node.js以外に必要なものはほとんどありません。

　すでに開発を進める環境がセットアップされているため、npmから必要なライブラリをインストールしてVue.jsの開発環境を作りましょう。まずは次のコマンドを実行して開発用のディレクトリを作成しましょう。

```
mkdir dev
```

　次に主役であるVue.jsをインストールしていきます。今回用いるのはVue.js本体ではなく、Vue.js製ライブラリの開発が円滑になるようサポートしてくれる機能をもった**vite（ヴィート）**と呼ばれるライブラリです。

　URL https://vitejs.dev/

　viteには次のような基本機能があります。

- **Vue.jsやその他ライブラリを用いたプロジェクトのscaffolding**
- **開発サーバーの起動**
- **本番向けのビルド**

　viteは2020年にVue.js製作者であるEvan You氏本人によって作られたライブラリで、当初はVue.js向けだったものの改良が進み、今ではライブラリに縛られることなくさまざまなJavaScriptフレームワーク/ライブラリを利用できます。

　viteを利用する利点としては、開発環境の構築が楽になることや高速な開発サーバーなどがあります。複雑な設定ファイルを書くことなくすぐにUI構築を始められ、ファイルを修正すると規模の大きなアプリケーションであっても1秒未満で反映されることから初心者のみならず熟練のJavaScriptエンジニアまで、幅広い技術者が恩恵を受けられます。

　では、viteを用いてVue.jsプロジェクトをセットアップしてみましょう。次のコマンドを入力します。

```
npm init @vitejs/app
```

　すると、いくつかのパッケージを自動的にインストールした後、対話形式のプロジェクト作成モードへ入ります。入力項目は2つだけなので、次の通りに入力・選択してください。テンプレート選択で **vue** を選択した後、すぐにプロジェクトのセットアップが終了し、コマンド入力の指示がログに出力されます。

□1
□2
□3
Vue v3を体験しよう
□4
□5
A

```
❯ npm init @vitejs/app
npx: 5個のパッケージを0.941秒でインストールしました。
✓ Project name: · vue-3-counter
Scaffolding project in /Users/ushironoko/work/dev/vue-3-counter...
✓ Select a template: · vue

Done. Now run:

  cd vue-3-counter
  npm install (or `yarn`)
  npm run dev (or `yarn dev`)
```

指示通り作成したプロジェクトへ移動した後、次のコマンドで中身を確認しましょう。

```
ls -a
```

```
❯ ls -a
./       .gitignore    package.json    src/
../      index.html    public/         vite.config.js
```

viteのプロジェクト生成機能によって開発に必要なものが一通り生成されています。後に解説するためいったん先ほどの指示に従って、残りのコマンドを入力していきましょう。

```
npm install
```

このコマンドは開発に必要なパッケージをインストールする **npm** コマンドです。これによりはじめてVue.jsやそのビルドツールなど一式をインストールできます。何をインストールするのかは、後述する **package.json** ファイルに記述されています。

インストールができたら最後のコマンドを入力しましょう（表示される警告などはいったん無視しても問題ありません）。

```
npm run dev
```

run はインストールコマンドと同様に **npm** のコマンドですが、これは **package.json** に記述されたユーザー定義のスクリプトを実行するためのものです。 **dev** というスクリプトが定義されていて、そのスクリプトを **npm run** で動作させるという意味になります。

では **dev** コマンドは何かというと、viteの内包する開発サーバーの起動コマンドになります。このコマンドによってアプリケーションが起動し、指定のドメインにアクセスすることでアプリケーションを見ることができます。起動すると次のようなログが出力されます。

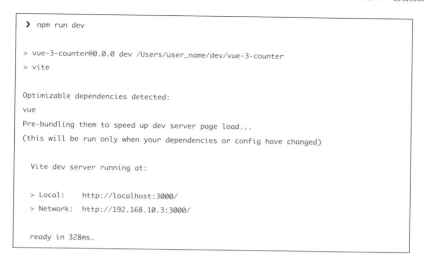

```
> npm run dev

> vue-3-counter@0.0.0 dev /Users/user_name/dev/vue-3-counter
> vite

Optimizable dependencies detected:
vue
Pre-bundling them to speed up dev server page load...
(this will be run only when your dependencies or config have changed)

  Vite dev server running at:

  > Local:    http://localhost:3000/
  > Network:  http://192.168.10.3:3000/

  ready in 328ms.
```

　ChromeやFirefoxなどのブラウザで **http://localhost:3000/** にアクセスしてみましょう。次のように表示されれば成功です。立ち上げたアプリケーションはそのままの状態にしておきましょう。PCをスリープしても、起動状態は保持されます。動作を止めたい場合はターミナルで **Ctrl+C** を入力します。

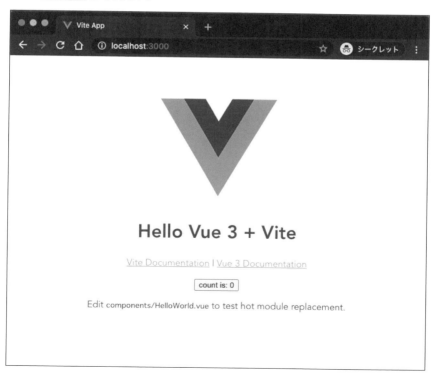

COLUMN	viteとVue.jsの違いは？

　Vue.jsではなくviteを使うと開発環境をすぐに構築できることがこの章で体験できました。viteのような特定のライブラリを用いた開発環境を一括で提供してくれるライブラリは他にもたくさんあります。たとえば、**Vue CLI**と呼ばれるツールはviteと同じように、Vue.jsとその他の開発に必要なライブラリをGUIで選択してインストールできます。

　一方、フロントエンド開発に馴染みのない人にとってはVue.jsがあるのになぜわざわざ別のライブラリとしてviteが存在するのか、いまいちピンと来ていないかもしれません。viteやVue CLIのような、開発環境補助ツールはVue.js自身が提供しないものをサポートする周辺ツールのようなものです。

　Vue.jsはあくまでUI構築のためのフレームワークであり、フロントエンド開発環境そのものを作り上げるものではありません。viteは開発に必要なライブラリをまとめ上げているに過ぎず、実際には複数のライブラリによって機能しています。Vue.jsはその一部として、UI構築部分を担っています。

　下記はviteが内包しているライブラリの一例です。

ライブラリ	説明
Vue.js	UI構築面を担う
React	UI構築面を担う（Vueの代わりに選択できる）
rollup.js	viteがプロダクション向けに利用するバンドラー
esbuild	viteが開発環境向けに利用するバンドラー
TypeScript	JavaScriptを拡張したaltJS言語

　これらはデフォルトで使えるように設定されているため、基本的には個別のセットアップは不要です。viteを用いない場合、開発環境を作るだけでインストールや設定ファイルの記述が必要です。

▐▐▐ プロジェクトを確認してみよう

それでは実際にエディタを用いてプロジェクトを開いてみましょう。使用するエディタは普段使っているもので構いませんが、まだインストールをしていない場合はVisual Studio Code（以下、VS Code）を利用するのがおすすめです。

URL https://code.visualstudio.com/download

VS CodeはMicrosoft製コードエディタで、商用利用時も無料で使用できます。VS Codeには拡張機能が多数提供されており、HTMLやCSS、JavaScriptのコードハイライトや補完はもちろんのこと、Vue.jsでの開発をサポートしてくれるものもあります。

お使いのPC環境に合わせてダウンロードページよりダウンロードしてください。zipで提供されているため、解凍すればすぐに開くことができます。

VS Codeを起動したら、最初に日本語化の設定を行いましょう。エディタの左側に拡張機能タブを開くボタンがあるので、クリックしてマーケットプレイスを開いてください。検索欄に「japanese」と入力すると、「Japanese Language Pack」という拡張が表示されます。

拡張機能を開き、ドキュメントに従って日本語化を行ってください。設定後、VS Codeを再起動すると反映されます。

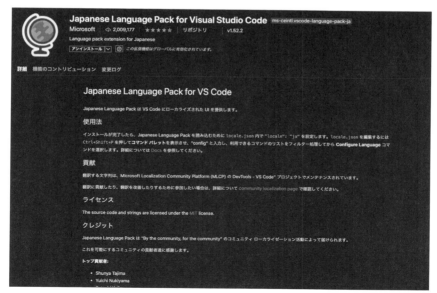

　日本語化の設定ができたら、先ほどviteを用いて生成したプロジェクトを開いてみましょう。実際の開発ではVS Codeからプロジェクトを開くよりも、ターミナル上でプロジェクトのある階層へ移動し、VS Codeを開くことが多くなります。 `code` コマンドをインストールしていると、ターミナルから任意のディレクトリでVS Codeを呼び出すことができるようになります。

　VS Codeを開いた状態で、`Shit+Cmd+P`（Windowsの場合、`Ctrl+Shift+P`）を入力するとコマンドパレットを開くことができます。開いたら、`command` と入力してください。PATHに `code` コマンドをインストールする選択肢が表示されるので、Enterキーで実行します。

　実行後、ターミナルで `code` コマンドを使用できるようになっています。もし実行できない場合はターミナルを再起動するか、`source` コマンドなどでPATHの設定を反映するようにしましょう。

　次のコマンドを開発ディレクトリに移動して実行します。

```
code .
```

　`.` というのは現在位置という意味です。実行前に `cd` コマンドなどで開きたいプロジェクトまで移動する癖を付けておけば、実行する `code` コマンドは常にこの一文だけで済みます。今回はviteで生成した `vue-3-counter` プロジェクトをそのまま利用すれば大丈夫です。

　VS Codeを開くと、次のようなプロジェクト構成になっています。この章ではこのプロジェクトを起点に、Vue3のリアクティブな値の操作を覚えていきます。

コンポーネントを構成する要素

　環境構築ができたら、まずはじめにVue.jsの基礎となる**コンポーネント**を作ってみましょう。コンポーネントとはUIの1つひとつを表す単位であり、Vue.jsにおいては1コンポーネントにつき1つのファイルで管理します。生成されたプロジェクトにある **App.vue** ファイルを開いてみましょう。

SAMPLE CODE　src/App.vue

```
<template>
  <img alt="Vue logo" src="./assets/logo.png" />
  <HelloWorld msg="Hello Vue 3 + Vite" />
</template>

<script setup>
import HelloWorld from './components/HelloWorld.vue';
</script>

<style>
#app {
  font-family: Avenir, Helvetica, Arial, sans-serif;
  -webkit-font-smoothing: antialiased;
  -moz-osx-font-smoothing: grayscale;
  text-align: center;
  color: #2c3e50;
  margin-top: 60px;
}
</style>
```

　これが、Vue.jsのコンポーネントファイルの一例です。拡張子は **.vue** という特殊なものになり、1つのファイルの中でHTML、JavaScript、CSSをすべて記述できます。このファイルのことを Single File Component(**シングルファイルコンポーネント**)と呼びます(以下、SFC)。
　コンポーネントを作成する前に、SFCを構成する各種タグのことを簡単に紹介していきます。

||| templateタグ

　<template></template> で囲まれた領域をテンプレートタグと呼びます。この中にはHTMLを記述できますが、**{{}}** という記法を用いてJavaScriptコードを埋め込むこともできます。
　また、このタグ内では**ディレクティブ**と呼ばれる特殊な属性を扱うことができます。たとえば、次ページのコードは **v-for** というディレクティブの例です。

```
<template>
  <div v-for="item in [1, 2, 3]">
    {{ item }}
  </div>
</template>
```

上記をコンパイルすると下記のようになります。

```
<template>
  <div>1</div>
  <div>2</div>
  <div>3</div>
</template>
```

v-for はある値を順番に取り出しながら要素を繰り返し描画します。このように、ディレクティブを用いるとプログラマブルなHTMLの記述が可能になります。

ONEPOINT **フラグメント**

Vue v2以前では **<template>** 直下の要素は1つでなければなりませんでした。Vue v3からは複数要素を受け付けられるようになり、記述する際に余分なタグで囲う必要がなくなりました。

●v2の場合

```
<template>
  <div> // ←1要素しか受け付けないためdivで囲っていた
    <input type="number" />
    <button>ボタン</button>
  </div> // ←
</template>
```

●v3の場合

```
<template>
  <input type="number" />
  <button>ボタン</button>
</template>
```

注意点として、親コンポーネントから子コンポーネントのルート要素にclassを付与する実装などをしていた場合、フラグメント利用時は明示的に **$attrs** (後述)をバインドする必要があります。意図しない表示崩れの原因にもなりうるため、マイグレーションの際には気を付けましょう。

scriptタグ

<script></script> で囲われた領域をscriptタグ（スクリプトタグ）と呼びます。主に
Vueプロパティの記述をするためのものですが、モジュールのインポートや純粋な関数の定義
などもできます。Vueプロパティ内で記述した値や関数はテンプレートから参照でき、**{{}}** 構
文の中やイベントで利用できます。

Vueプロパティは必ずdefault exportする必要があります。また、特定の設定を記述するこ
とでTypeScriptに対応させることもできます。Vue 3からは新たに **setup** という設定を記入
できるようになっており、viteでプロジェクトを生成するとデフォルトで指定されています（機能に
ついては後述）。

```
<script>
import HelloWorld from './components/HelloWorld.vue'

// Vueプロパティを記述してdefault exportする
export default {
  component: HelloWorld,
  props: { ... },
  data() {
    return { ... }
  },
  methods: {
    fooBar() { ... }
  }
}
</script>
```

styleタグ

<style></style> で囲われた領域をstyleタグ（スタイルタグ）と呼びます。styleタグに
は文字通りCSSを記述します。また、タグに **lang** という属性を指定することでさまざまなCSS
プリプロセッサを利用できます。同様に、**scoped** という属性を記述することでSFC内のCSS
をローカルスコープに閉じ込められます。

コンポーネントの利用

　コンポーネントの使い方を学ぶため、viteがサンプルとしてすでに作成しているものを使って、どのように書いていくかを学んでいきましょう。先ほど開いた **App.vue** ファイルを見てください。各種タグの説明通り、下記はtemplate、script、styleで構成されています。

SAMPLE CODE src/App.vue

```
<template>
  <img alt="Vue logo" src="./assets/logo.png" />
  <HelloWorld msg="Hello Vue 3 + Vite" />
</template>

<script setup>
import HelloWorld from './components/HelloWorld.vue';
</script>

<style>
#app {
  font-family: Avenir, Helvetica, Arial, sans-serif;
  -webkit-font-smoothing: antialiased;
  -moz-osx-font-smoothing: grayscale;
  text-align: center;
  color: #2c3e50;
  margin-top: 60px;
}
</style>
```

　scriptタグに書かれた **setup** という表記に注目してください。これはv3から使えるようになった新たなプロパティである **setup** プロパティの糖衣構文です。**糖衣構文**とは、ある機能や記法を短くしたり代替できる構文のことで、この **<script setup>** という記法は **setup** プロパティの代替といえます。

　しかし、この記法は上級者向けのものなため今回はいったん **setup** と書かれた部分のみ消してしまいましょう。

　また、setup表記を消すことでアプリケーションを立ち上げている場合はエラーが発生し、クラッシュします。先ほど **npm run dev** コマンドでサーバーを立ち上げましたが、コードの変更があるたびに自動で再ビルドされ、ブラウザに反映されます。再び動作するように正しいコードへ修正していきましょう。

　さて、現在scriptタグの中には次の1文のみ記述されています。

```
<script>
import HelloWorld from './components/HelloWorld.vue';
</script>
```

　これは、**App** コンポーネントの中に **HellowWold** コンポーネントを読み込むという意味になります。コンポーネントは他のコンポーネントを **import** 文で読み込み、template内で使用できます。読み込んだコンポーネントは本来、**components** というVueプロパティに登録する必要がありますが、**script setup** 構文を用いている場合は不要なため、現在は記述がありません。

　クラッシュした原因は、コンポーネントの読み込みを解決できず解釈できない記述となってしまったことでした。**Hello World** コンポーネントを **components** プロパティに登録しましょう。次のように修正してみてください。

SAMPLE CODE src/App.vue

```
<template>
  <img alt="Vue logo" src="./assets/logo.png" />
  <HelloWorld msg="Hello Vue 3 + Vite" />
</template>

- <script setup>
+ <script>
import HelloWorld from './components/HelloWorld.vue';

+ export default {
+   components: {
+     HelloWorld,
+   },
+ };
</script>

<style>
#app {
  font-family: Avenir, Helvetica, Arial, sans-serif;
  -webkit-font-smoothing: antialiased;
  -moz-osx-font-smoothing: grayscale;
  text-align: center;
  color: #2c3e50;
  margin-top: 60px;
}
</style>
```

　export default という構文と、それによって外部へ公開されるオブジェクトが追加されています。**script setup** を用いない場合、コンポーネントは常に1つのオプションとなるオブジェクトを公開する必要があります。オプションオブジェクトにVueの持つさまざまなプロパティを書いていくことで、コンポーネントに機能を持たせることができます。

　たとえば、**components** プロパティは、他のコンポーネントをtemplateで使用できるようにするVueプロパティの1つです。

ONEPOINT | script setup

　もう少し詳しく説明すると、この `script setup` 構文は本来、`setup` プロパティに記述しなければならないものをscriptタグの直下に書くことができるというものです。また、`setup` プロパティではtemplateから値を参照する場合、必ず `return` に含める必要がありますが、`script setup` 構文ではその必要がなく、定義した変数や関数が自動的にtemplateへ公開されます。その他にも `props` の定義に専用のヘルパー型を用いることができたり、`emitter` の定義が簡潔になったりと、さまざまな恩恵が受けられます。

エントリーポイント

App.vue にコンポーネントを読み込むことで部品を利用できることがわかりました。

では **App.vue** 自体はどこで使われているのでしょうか？ **src/main.js** を開いてみてください。

SAMPLE CODE src/main.js

```
import { createApp } from 'vue';
import App from './App.vue';

createApp(App).mount('#app');
```

App.vue が読み込まれています。**App.vue** はすべてのコンポーネントの親となるコンポーネントです。コンポーネントのツリー構造をイメージしてみてください。一番上が **App.vue** で、そこから読み込んだコンポーネントがツリー上に紐付き、ぶら下がっていきます。すべてのコンポーネントの親となるコンポーネントのことを、**ルートコンポーネント**と呼びます。

main.js ではVueからインポートした **createApp** という関数にルートコンポーネントを渡して実行しています。この関数はアプリケーションインスタンスを生成して返すアプリケーションAPIです。端的にいえば、ルートコンポーネントを受け取って実際にVueのインスタンスを生成するための関数ということです。

createApp は生成したインスタンスを返却するので、**mount** のようなインスタンスメソッドにメソッドチェインでそのままアクセスできます。**mount** は **createApp** によって生成したインスタンスを、引数で受け取ったセレクタを用いてDOM要素にマウントするAPIです。このAPIにより実際にVueアプリケーションがhtmlへ反映されアプリケーションとして振る舞うことができるようになります。今回の場合はhtmlに定義されている **<div id="app"></div>** という要素にルートインスタンスを紐づけているということになります。

createApp で生成したインスタンスは、それに紐付くすべてのコンポーネント（ルートコンポーネントに紐付くコンポーネントすべて）で設定やコンテキストを共有します。そのため、**mount** の他にもアプリケーション全体で共通して使いたい周辺ライブラリや自作した定義を読み込むためのAPIが複数、用意されています。

API	説明
component	Vue Componentを読み込んでimport文なしでコンポーネント利用できるようにする
config	アプリケーションの設定を参照、追加できる
directive	カスタムディレクティブを登録できる
use	Vue.jsのプラグインを読み込む。installというメソッドを含むオブジェクトか、install関数をそのまま渡す
provide	すべてのコンポーネントからアクセスできる値を設定する。コンポーネントからはinject関数を用いて値を取り出す

これらは高度な機能なので、最初のうちは特に設定する必要はありません。本格的なアプリケーションを作るときはこれらのAPIを用いて、より強力な機能をVueに持たせられます（ルーティングライブラリ、カスタムディレクティブ（後述）、UIコンポーネントライブラリなど）。

また、この `main.js` のようなルートインスタンスを特定のDOM要素にマウントしているファイルのことを**エントリーポイント**と呼びます。

COLUMN	マウントロジックの変更

v3からはマウント対象へのレンダリング方法が少し変わっています。

v2では `outerHTML` によって対象のDOM要素自体を置き換えていましたが、v3からは `innerHTML` に変わり、対象DOM要素の子要素のみを置き換えるようになりました。このロジックの変更によって、後述するフラグメント機能（コンポーネントルートを複数要素にできる機能）を利用できるようになりました。

詳細については下記のURLを参照にしてください。

URL https://github.com/vuejs/rfcs/blob/master/active-rfcs/
　　　 0009-global-api-change.md#mounting-behavior-difference-from-2x

コンポーネントを作ってみよう

さて、ここからは実際にコンポーネントを作りながら、Vueプロパティの持つ機能をおさらいしていきましょう。v3においてもコンポーネントを構成する基本的な要素は変わりませんが、新たにできることが増えているため経験者も一読しておくことをおすすめします。

▌propsと値のバインド

まずはVueの最も基本的な機能を実践していきましょう。 `components` ディレクトリ配下に次のヘッダーコンポーネントファイルを作ってください。 `The` という接頭辞は、そのページ上で1つしか使われないコンポーネントに付与するというVue.jsが推奨する命名規則に則っています。

SAMPLE CODE src/components/TheHeader.vue

```
+ <template>
+   <header>{{ text }}</header>
+ </template>

+ <script>
+   export default {
+   name: 'TheHeader',
+   props: {
+     text: {
+       type: String,
+       default: '',
+     },
+   },
+ };
+ </script>
```

これはアプリケーションのheader要素を定義するシンプルなコンポーネントです。 `props` という見慣れない記述があります。これは親から受け取る値を指定するVueプロパティです。`props` は配列かオブジェクトで指定でき、どちらの場合でも複数、指定できます。配列で指定する場合は次のように文字列を記述するだけです。

```
<script>
export default {
  props: ['text'],
};
</script>
```

オブジェクトを用いた `props` では、オプションとして下記を設定できます。

オプション	説明
type	その値が何の型を期待しているかをコンストラクターで記述できる（String、Number、Boolean、Array、Object、Date、Function、Symbolなど）
default	親から値が渡されなかったときに使われるデフォルト値を指定する
required	親がpropsを渡すことを必須にするか否かを指定する（trueかfalse、デフォルトではfalse）
validate	trueかfalseを返す関数を定義できる。falseが返却された場合に無効な値としてコンソールに警告を出す。関数の引数には渡された値が入っている

`type` オプションは配列で指定することで「OR」にできます。また、`validate` オプションは `type` よりも詳細に値の検証ができます。特定の文字列のみ受け取りたい場合などに有効です。たとえば、次の例はコンポーネントの横幅を `props` で受け取るものです。横幅を42pxか24pxのみに対応したい場合、`validate` オプションで詳細に検証できます。

```
<script>
export default {
  props: {
    width: {
      type: [String, Number], // 配列で指定するとORにできる
      required: true,
      validate: (value) => {
        if (value === '42' || value === 42) {
          return true;
        }

        if (value === '24' || value === 24) {
          return true;
        }

        return false;
      },
    },
  },
};
</script>
```

また、`props` で渡された値を参照する `{{}}` が追加されています。templateタグの説明でも紹介しましたが、この記法は**Mustache構文（マスタッシュこうぶん）**と呼ばれるものです。テンプレート上でJavaScript式を記述するための構文で、インスタンスメソッド（後述）やプロパティの値にアクセスできます。

ONEPOINT Mustache構文は式のみ記述できる

注意点として、Mustache構文には単一のJavaScript式しか書くことができません。たとえば、次のようなものは式ではなく文なので記述できません。

```
<template>
  {{ const a = 1 }}

  {{ if (isActive) return activeValue }}
</template>
```

表示を分岐させたいときは三項演算子を用います。三項演算子は式なので評価できます。

```
<template>
  {{ isActive ? activeValue : disabledValue }}
</template>
```

早速、**src/App.vue** でコンポーネントを使ってみましょう。また、このタイミングでデフォルトで記述されているコードはいったん消してしまいましょう。

SAMPLE CODE src/App.vue

```
<template>
  <TheHeader text="My Counter" />
</template>

<script>
import TheHeader from './components/TheHeader.vue';

export default {
  components: {
    TheHeader,
  },
};
</script>

<style>
#app {
  font-family: Avenir, Helvetica, Arial, sans-serif;
  -webkit-font-smoothing: antialiased;
  -moz-osx-font-smoothing: grayscale;
  text-align: center;
  color: #2c3e50;
  margin-top: 60px;
}
</style>
```

　親では **props** に指定したものを属性として記述することで子へ値を渡せます。文字列を渡す場合とそれ以外では少し記述が異なります。現在は **My Counter** という文字列を渡しています。ブラウザで確認してみましょう。親から渡した **My Counter** という文字列が表示されています。 **props** は親から受け取った値を用いてレンダリングを行うことが確認できます。

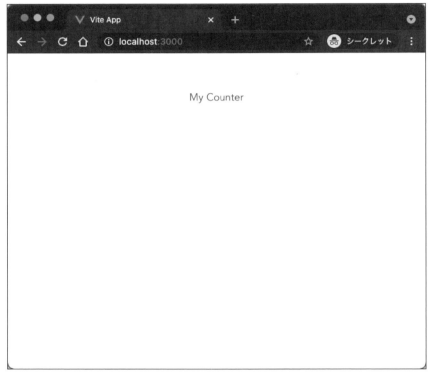

　文字列で指定した場合、静的な値となります。親から渡す値を動的に変化させたいときには **v-bind** というディレクティブを使います。「ディレクティブ」とは **v-** から始まるVueの持つ機能のうちの1つで、 **v-bind** の場合は要素に動的な値をバインドするときに使用します。

```
<template>
  <MyComponent v-bind:text="value" />
</template>
```

　value は後述する **data** プロパティや **computed** プロパティなどで生成した、リアクティブな値も渡すことができます。リアクティブな値を渡していた場合はその値が変化したときに子コンポーネント側にも反映されます。

　v-bind はディレクティブの中でも頻繁に使われるため、 **:** と省略して書くことができます（例： **:text="value"** ）。慣れてきたと感じたら省略記法で書いていくことをおすすめします。本書でも基本的には省略記法を使います。

試しに **Header** コンポーネントで文字列を渡している部分を次のように変えてみてください。ページを読み込むたびに0から10の乱数を生成し、偶数ならeven、奇数ならoddと表示します。このように動的な値を **props** で渡したいときには **v-bind** ディレクティブを使います。

SAMPLE CODE src/App.vue

```
<template>
- <TheHeader text="My Counter" />
+ <TheHeader :text="Math.floor(Math.random() * 10) % 2 === 0 ? 'even' : 'odd'" />
</template>

<script>
import TheHeader from './components/TheHeader.vue';

export default {
  components: {
    TheHeader,
  },
};
</script>

<style>
#app {
  font-family: Avenir, Helvetica, Arial, sans-serif;
  -webkit-font-smoothing: antialiased;
  -moz-osx-font-smoothing: grayscale;
  text-align: center;
  color: #2c3e50;
  margin-top: 60px;
}
</style>
```

さて、**v-bind** は **props** を用いない場合でも利用できます。コンポーネント内で保持している値などをバインドして利用できます。

下記は後述するさまざまなプロパティを用いた例ですが、頻繁に利用する形なので覚えておきましょう。

```
<template>
  <!-- 動的に画像パスを生成する -->
  <img :src="imgSrc" />

  <!-- 条件によって動的にクラスを当てる -->
  <button :class="{ red: isAttachStyle }" />

  <!-- inputへ渡すvalueを動的にする -->
  <input :value="inputValue" />
</template>
```

▼

▼

```
<script>
export default {
  data() {
    return {
      isAttachStyle: false // スタイルを当てるかどうかのフラグ
      inputValue: 0, // inputの初期値となるvalue
    },
  },
  computed: {
    imgSrc() {
      ... // 条件によって異なるパスを生成するcomputedプロパティ
    },
  }
};
</script>

<style>
.red {
  background: red;
  color: white;
}
</style>
```

　現時点のカウンターアプリではここで紹介した **v-bind** ディレクティブのような機能はまだ必要ありません。また、**Header** コンポーネントも動的に表示内容を変える必要はないため、テキストでの入力に戻しても構いません。

　props と **v-bind** ディレクティブはリアクティブなコンポーネントを作るときの基礎になる機能です。他のプロパティや機能と組み合わせることでより複雑なアプリケーションを設計できます。

▌▌▌ DOMイベントとメソッド

　次に、カウンターを進めたり戻したりするために必要なボタンコンポーネントを **components** ディレクトリ配下に作ります。

SAMPLE CODE src/components/BaseButton.vue

```
+ <template>
+   <button v-on:click="handleClick">ボタン</button>
+ </template>

+ <script>
+ export default {
+   name: 'BaseButton',
+   methods: {
+     handleClick() {
+       alert('Hello World!!');
```

▼

```
+    },
+   },
+ };
+ </script>
```

v-on はディレクティブの1つで、主にDOMイベントを管理するために用います。このディレクティブはユーザーが行ったクリックやフォーカスなどのDOMイベントを購読でき、続けて購読したいイベント名を : でつなげて書きます。

この例の場合はユーザーのクリックイベントを検知すると、handleClick という関数が実行されます。また、v-on ディレクティブは v-bind と同様に頻繁に使われるため、@ で省略して書くこともできます。省略した場合、@ に続けてそのままイベント名を記述します（例：@click="handleClick" 、@change="handleClick" ）。

methods（メソッド）にはコンポーネントに含めたいメソッドを書きます。methods へ追加したメソッドはテンプレートから利用できます。今回の例では v-on によって発火される handleClick というメソッドを定義しました。

これらの機能により、BaseButton コンポーネントをユーザーがクリックすると v-on ディレクティブがイベントを検知し、methods に定義したアラートを表示するメソッドを実行します。機能が固定的で汎用性はありませんが、あらゆるコンポーネントから使い回すことができます。App.vue で読み込んで使ってみましょう。

SAMPLE CODE src/App.vue

```
<template>
  <TheHeader text="My Counter" />
+ <BaseButton />
</template>

<script>
import TheHeader from './components/TheHeader.vue';
+ import BaseButton from './components/BaseButton.vue';

export default {
  components: {
    TheHeader,
+   BaseButton,
  },
};
</script>

<style>
#app {
  font-family: Avenir, Helvetica, Arial, sans-serif;
  -webkit-font-smoothing: antialiased;
  -moz-osx-font-smoothing: grayscale;
```

```
  text-align: center;
  color: #2c3e50;
  margin-top: 60px;
}
</style>
```

ボタンが1つ表示されていて、クリックするとアラートが表示されます。

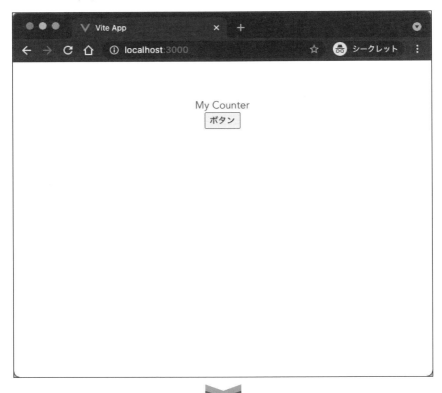

　一度作ったコンポーネントは何度でも利用できるため、次のように書けば複数のボタンを設置できます。

SAMPLE CODE src/App.vue

```
<template>
  <TheHeader text="My Counter" />
  <BaseButton />
+ <BaseButton />
</template>

<script>
import TheHeader from './components/TheHeader.vue';
import BaseButton from './components/BaseButton.vue';

export default {
  components: {
    TheHeader,
    BaseButton,
  },
};
</script>

<style>
#app {
  font-family: Avenir, Helvetica, Arial, sans-serif;
  -webkit-font-smoothing: antialiased;
  -moz-osx-font-smoothing: grayscale;
  text-align: center;
  color: #2c3e50;
  margin-top: 60px;
}
</style>
```

▮▮▮ コンテンツの配信とEvent Emitter

　ボタンのようなさまざまな用途があるコンポーネントは多くの場合、内部の実装をシンプルにしつつインタフェース（クリックで発火するイベントの受け取り方や初期値の設定方法などのこと）と見た目を整えて利用します。

　共通化したい部分とそうでない部分を分けて、共通化しないものは利用側である親コンポーネントから調整できるようにしておくと使いやすく汎用性の高い設計にできます。

　この章ではカウンターアプリを作ることを目的としていますが、カウントを進めたり戻したりするときにボタンが必要になるため、早速、作っていきましょう。 `BaseButton.vue` を次のように編集してください。

SAMPLE CODE src/components/BaseButton.vue

```
<template>
- <button v-on:click="handleClick">ボタン</button>
+ <button @click="handleClick"><slot /></button>
</template>

<script>
export default {
  name: 'BaseButton',
  methods: {
    handleClick() {
-     alert('Hello World!!');
+     this.$emit('onClick');
    },
  },
};
</script>
```

　BaseButton コンポーネントを少し汎用的にしました。この修正で追加されたのは **slot** という要素と **emit** という関数です。**slot**（スロット）は簡単にいえば「親から渡されたコンテンツに置き変わる」ことができるHTML要素です。親から渡されるというのはどういうことでしょうか？　親コンポーネントから使うときの例を見てみましょう。**App.vue** を次のように書き換えてください。

SAMPLE CODE src/App.vue

```
<template>
  <TheHeader text="My Counter" />
- <BaseButton />
+ <BaseButton>+</BaseButton>
</template>

<script>
import TheHeader from './components/TheHeader.vue';
import BaseButton from './components/BaseButton.vue';

export default {
  components: {
    TheHeader,
    BaseButton,
  },
};
</script>

<style>
#app {
  font-family: Avenir, Helvetica, Arial, sans-serif;
```

▼

```
   -webkit-font-smoothing: antialiased;
   -moz-osx-font-smoothing: grayscale;
   text-align: center;
   color: #2c3e50;
   margin-top: 60px;
 }
 </style>
```

　すると、「＋」と書かれたボタンが表示されます。 slot は利用側コンポーネントで指定した、「コンポーネントの子要素」を使って slot で記述された部分を置き換えるという機能です。これにより、親コンポーネントから子コンポーネントへ要素をまるごと渡すことができます。

　ボタンコンポーネントの場合、slot を活用することで標準のbutton要素と同様の使い方ができるため、良い設計といえます。 slot にはより便利な使い方もありますが、後の章で解説します。

　次に emit （エミット）ですが、これは子コンポーネントから親コンポーネントへイベントを伝えるための関数です。 emit はVueコンポーネントインスタンスに存在するため、this からアクセスして呼び出すことができます。

　emit に限らず、インスタンス自体が持つプロパティやメソッドはすべて this から参照でき、総称して「インスタンスメソッド」と呼びます。

　emit は呼び出されるときに引数を1つ、または2つ取ります。第1引数は必須で、イベント名を文字列で指定して親へどのイベントが emit されたのかを知らせます。

　第2引数には親へ渡したい値を指定できます。親へ値を渡す場合コンポーネントがローカルで値を管理していることがほとんどですが、今はボタンコンポーネント内部では値を保持していないのでイベント名のみ親へ通知することにしましょう。 emit されたイベント名は利用側で v-on ディレクティブを書くことで受け取ることができます。 App.vue で実際にイベントを受け取ってみましょう。

SAMPLE CODE src/App.vue

```
<template>
  <TheHeader text="My Counter" />
- <BaseButton>+</BaseButton>
+ <BaseButton @onClick="alertOnClick">+</BaseButton>
</template>

<script>
import TheHeader from './components/TheHeader.vue';
import BaseButton from './components/BaseButton.vue';

export default {
  components: {
    TheHeader,
    BaseButton,
```

```
  },
+ methods: {
+   alertOnClick() {
+     alert('clicked!!');
+   },
+ },
};
</script>

<style>
#app {
  font-family: Avenir, Helvetica, Arial, sans-serif;
  -webkit-font-smoothing: antialiased;
  -moz-osx-font-smoothing: grayscale;
  text-align: center;
  color: #2c3e50;
  margin-top: 60px;
}
</style>
```

「+」ボタンをクリックするとアラートが表示されるはずです。この修正で、アラートを表示するという処理を BaseButton コンポーネントから親へ移動できました。このようにさまざまな箇所で使われる想定のコンポーネントには詳細なロジックを持たせず、イベントを親へ通知するという手法が一般的です。

現在、BaseButton コンポーネントは次のような状態です。

- ボタン名を親から渡すことができる
- ボタンがクリックされたときの処理を「@"emitされたイベント名"="methods名"」の形式で親へ書くことができる

ちなみに子から emit されるイベントもまた v-on ディレクティブで補足できるため、@ の省略記法を用いることができます。このように v-on はディレクティブの中でも特に記述頻度が高いこともあり、省略記法が用意されています。

ローカルステートを作る

BaseButton コンポーネントが汎用的に使えるようになったので、カウンターアプリケーションのコアとなる部分を作っていきましょう。カウンターを実現するには次のような要素が必要です。

- 現在のカウントを表すための状態
- カウントを進めるためのボタン
- カウントを戻すためのボタン

カウントを表示するためには、現在のカウントがいくつなのかを表すための状態が必要です。Vueコンポーネントは値を保持し続けるためのプロパティを用意しています。App.vueを次のように編集しましょう。

SAMPLE CODE src/App.vue

```
<template>
  <TheHeader text="My Counter" />
+ <div>{{ count }}</div>
  <BaseButton @onClick="alertOnClick">+</BaseButton>
</template>

<script>
import TheHeader from './components/TheHeader.vue';
import BaseButton from './components/BaseButton.vue';

export default {
  components: {
    TheHeader,
    BaseButton,
  },
+ data() {
+   return {
+     count: 0,
+   };
+ },
  methods: {
    alertOnClick() {
      alert(this.count);
    },
  },
};
</script>

<style>
#app {
  font-family: Avenir, Helvetica, Arial, sans-serif;
  -webkit-font-smoothing: antialiased;
  -moz-osx-font-smoothing: grayscale;
```

```
  text-align: center;
  color: #2c3e50;
  margin-top: 60px;
}
</style>
```

　data というプロパティメソッドと、いくつかの参照を追加しました。 **data** プロパティメソッドはVueコンポーネントが初期化されるときに1度だけ実行され、返却されたオブジェクトをコンポーネントインスタンスに保持し続けます。そのため、**this** から参照でき、他のプロパティ（たとえば **methods** ）の中から利用できます。

　カウントは初期値を0としたいので、**count: 0** というプロパティを持つオブジェクトを **return** しました。**methods** では定義した **count** を **this** から参照しています。ボタンをクリックするとアラートメッセージに0と表示されます。

　data で定義した値はそのコンポーネントからのみ参照でき、他のコンポーネントで利用したい場合、**emit** で親へ渡すか、**props** プロパティによって子コンポーネントへ渡します。

　さて、すでにここまで説明したものでカウンターを完成させることができます。

SAMPLE CODE src/App.vue

```
<template>
  <TheHeader text="My Counter" />
  <div>{{ count }}</div>
- <BaseButton @onClick="alertOnClick">+</BaseButton>
+ <BaseButton @onClick="plusOne">+</BaseButton>
+ <BaseButton @onClick="minusOne">-</BaseButton>
</template>

<script>
import TheHeader from './components/TheHeader.vue';
import BaseButton from './components/BaseButton.vue';

export default {
  components: {
    TheHeader,
    BaseButton,
  },
  data() {
    return {
      count: 0,
    };
  },
  methods: {
-   alertOnClick() {
-     alert(this.count);
-   },
```

```
+   plusOne() {
+     this.count++;
+   },
+   minusOne() {
+     this.count--;
+   },
+ },
  };
  </script>

  <style>
  #app {
    font-family: Avenir, Helvetica, Arial, sans-serif;
    -webkit-font-smoothing: antialiased;
    -moz-osx-font-smoothing: grayscale;
    text-align: center;
    color: #2c3e50;
    margin-top: 60px;
  }
  </style>
```

プラスボタンとマイナスボタンそれぞれのメソッドを追加しました。どちらかをクリックするたびにカウントが変化するはずです。JavaScript側で定義した値に変化が起こると、Vueは自動的にテンプレート側の値も更新します。

また、テンプレート側（HTML上）で値を更新すると、JavaScript側も変更が反映されます。このように特定の値の変化をテンプレートとJavaScript双方に自動反映させることを「リアクティブ」と呼びます。Vue.jsは値を中心的に扱って宣言的にUIを構築していくことができるライブラリです。

▐▐▐ 双方向な状態管理

さて、今のままでもカウンターアプリとはいえますが、より使いやすくするために機能を拡張してみましょう。もし10000からカウントを始めたいと思っても現状では10000回クリックする必要があります。input要素を使って任意の数値を設定できるようにしてみましょう。

SAMPLE CODE src/App.vue

```
  <template>
    <TheHeader text="My Counter" />
    <div>{{ count }}</div>
    <BaseButton @onClick="plusOne">+</BaseButton>
    <BaseButton @onClick="minusOne">-</BaseButton>

+   <input v-model="inputCount" type="number" />
+   <BaseButton @onClick="insertCount">insert</BaseButton>
  </template>
```

```
<script>
import TheHeader from './components/TheHeader.vue';
import BaseButton from './components/BaseButton.vue';

export default {
  components: {
    TheHeader,
    BaseButton,
  },
  data() {
    return {
      count: 0,
+     inputCount: 0,
    };
  },
  methods: {
    plusOne() {
      this.count++;
    },
    minusOne() {
      this.count--;
    },
+   insertCount() {
+     this.count = this.inputCount;
+   },
  },
};
</script>

<style>
#app {
  font-family: Avenir, Helvetica, Arial, sans-serif;
  -webkit-font-smoothing: antialiased;
  -moz-osx-font-smoothing: grayscale;
  text-align: center;
  color: #2c3e50;
  margin-top: 60px;
}
</style>
```

　ユーザーから数値の入力を受け取るinput要素と、それに紐付いた状態である **input Count** を追加しました。input要素にはローカルステートとテンプレート側の値を同期できるディレクティブである **v-model** を使っています。 **v-model** はいわゆる双方向な状態管理のためのディレクティブで、ユーザー入力値とjs側の状態を同期します。

そのため、input要素に入力された値は、バインド対象に指定した **inputCount** へ常に挿入されます。また、js側で **inputCount** を更新した場合は即座にinput要素側へ反映されます。

inputCount は **count** とは別で管理しているため、inputへ入力した時点で反映されません。そこで、入力を決定するためのボタンである **insertCount** も追加しました。input要素に **10000** と入力してから **insertCount** をクリックすると、**count** へ反映されます。

v-model は次の糖衣構文、つまり省略形です。

```
<template>
  <input :value="bindState" @update="bindState = $event" />
</template>
```

```
<template>
  <input v-model="bindState" />
</template>
```

v-model を利用せずに書く場合は、バインドする値を **v-bind** で **value** に渡します。**update** イベントではイベントリスナーから渡される値を **value** で渡した値に代入しています。**v-model** は一連の動作を1つのディレクティブにまとめたものです。

また、**v-model** ディレクティブは次の要素にしか使えません。Vueコンポーネントに対して使う場合のみ、カスタム修飾子を利用できます。

- input
- select
- textarea
- Vueコンポーネント

▌v-modelの組み込み修飾子

v-model にはより使いやすくするための機能がいくつか備わっています。下記は「修飾子」と呼ばれるもので、入力に対して加工したり監視するイベントを変更したりできます。

▶lazy修飾子

v-model は **input** イベント後にデータの同期を行いますが、**lazy** 修飾子を用いると **change** イベント後に値を同期するようになります。

```
<template>
  <input v-model.lazy="bindState" />
</template>
```

▶number修飾子

ユーザー入力を数値型へキャストしたい場合、`number` 修飾子を用いることで自動的に加工できます。inputは `type` 属性に `number` を指定していたとしても、常に文字列を返します。js側で数値にまつわる加工を行う場合（四則演算等）は修飾子で常にキャストすることで潜在的な不具合の発生を防げます。

```
<template>
  <input type="number" v-model.number="bindState" />
</template>
```

▶trim修飾子

ユーザーから入力された値に空白が含まれる場合、`trim` 修飾子を用いることで除去できます。

```
<template>
  <input v-model.trim="bindState" />
</template>
```

▌▌▌カスタム修飾子

3種の組み込み修飾子とは別に、開発者自身で独自の修飾子を定義できます。現状の作りではinput要素で `type="number"` を指定していても、空文字を入力できます。空の状態でinsertボタンをクリックすると空白が反映されてしまうため、代わりに0を反映するようにしてみましょう。

カスタム修飾子では `props` と `emit` を利用します。そのため、標準要素では利用できません。

`src/components/` の配下に `NumberInput.vue` コンポーネントを作り、カスタム修飾子に対応させてみましょう。

SAMPLE CODE src/components/NumberInput.vue

```
+ <template>
+ <input :value="modelValue" @input="emitValue" type="number" />
+ </template>
+
+ <script>
+ export default {
+   name: 'NumberInput',
+   emits: ['update:modelValue'],
+   props: {
+     modelValue: {
+       type: Number,
+       default: 0,
+     },
+     modelModifiers: {
```

```
+        default: () => ({}),
+      },
+    },
+    methods: {
+      emitValue({ target: { value } }) {
+        if (this.modelModifiers.numberOnly && value === '') {
+          value = 0;
+        }

+        this.$emit('update:modelValue', Number(value));
+      },
+    },
+ };
+ </script>
```

v3から **emits** をオプションで指定できます。配列で指定するときはイベント名を文字列で書きます。 **props** と同様に、コンポーネントがemitする可能性のあるイベント名などを記述できます。配列かオブジェクトで定義でき、オブジェクトの場合はバリデータ関数を指定することでemitされる値の検証ができます。バリデータ関数は検証結果を示す **boolean** を返す必要があります。検証結果として **false** が返されるとブラウザコンソールにて警告が表示されます。

```
<script>
export default {
  emits: {
    'click': (value) => value > 0 // 0 より大きい数が emit される場合 valid
  },
  methods: {
    handleClick() {
      this.$emit('click', 1)
    }
  },
};
</script>
```

今回はシンプルにemit時の検証は **methods** で行うこととします。

利用側で指定したカスタム修飾子は **modelModifiers** 、 **v-model** に渡された値は **modelValue** として **props** で受け取ることができます。 **modelModifiers** はオブジェクトで、カスタム修飾子を指定している場合は修飾子名がプロパティのキーになり、値は **true** になります(例: **props: { modelModifiers: { numberOnly: true } }**)。

modelValue にはそのまま値が入っています。 **modelValue** を初期値としてinput要素の **value** へ渡し、inputイベントリスナー(**@input**)にはイベントが発生したときに **emit** する関数を指定します。

値が入力されるたびに **methods** で定義した **emitValue** が呼び出されます。このとき、inputからイベントオブジェクトが渡されます。今回の要件ではカスタム修飾子 **numberOnly** が指定されているときに空入力を0としたいため、**emit** する前に加工処理を入れています。

emit 時のイベント名は **update:value名** とすることで親で指定した **v-model** が検知できます。**value名** は親で何も指定しない場合は **modelValue** となりますが、**v-model:引数名="value"** とすると任意の文字列も指定できます。

これをv-model引数と呼びます。また、v3から **v-model** は次のように記述して複数の値をバインドできます。単一値をバインドするときと複数値をバインドするときでうまく使い分けましょう。

```
<template>
  <MyComponent v-model:name="name" v-model:age="age" />
</template>
```

また、input要素は **type="number"** を指定していても、文字列として値を返します。そのため、**emit** するときに **Number** コンストラクターで数値に変換しています。

これにより **emit** された値を **count** へ挿入するときに **number** 型を維持できます（実は修正前の実装では文字列に置き換わっていました）。

作成したコンポーネントを利用してみましょう。**App.vue** を次のように修正します。

SAMPLE CODE src/App.vue

```
<template>
  <TheHeader text="My Counter" />
  <div>{{ count }}</div>
  <BaseButton @onClick="plusOne">+</BaseButton>
  <BaseButton @onClick="minusOne">-</BaseButton>
  <div>
-   <input v-model="inputCount" type="number" />
+   <NumberInput v-model.numberOnly="inputCount" />
    <BaseButton @onClick="insertCount">insert</BaseButton>
  </div>
</template>

<script>
import TheHeader from './components/TheHeader.vue';
import BaseButton from './components/BaseButton.vue';
+ import NumberInput from './components/NumberInput.vue';

export default {
  components: {
    TheHeader,
    BaseButton,
+   NumberInput,
  },
  data() {
```

```
      return {
        count: 0,
        inputCount: 0,
      };
    },
    methods: {
      plusOne() {
        this.count++;
      },
      minusOne() {
        this.count--;
      },
      insertCount() {
        this.count = this.inputCount;
      },
    },
};
</script>

<style>
#app {
  font-family: Avenir, Helvetica, Arial, sans-serif;
  -webkit-font-smoothing: antialiased;
  -moz-osx-font-smoothing: grayscale;
  text-align: center;
  color: #2c3e50;
  margin-top: 60px;
}
</style>
```

　input要素を空にしてからinsertボタンをクリックすると0がセットされるようになりました。また、文字列を入力して確定する前にフォーカスを外すことで **type="number"** を指定したinput要素にも文字列を入力できますが、その場合、inputは空文字を返します。今回は空文字のときに0とする処理を入れているため、文字列を入力した場合にも0が挿入されます。

　これで **number** 型を安全に取り扱えるコンポーネントの作成と、カウンターアプリの最適化ができました。

▌▌▌ 値の計算と監視

　これまでで一通りカウンターとしての機能は揃いました。あとは思いつく限りのオプションを付けていきましょう。現状ではカウンターはどこまでも数値を入力できますが、これに上限と下限を設定してみましょう。ひとまず **0** から **9999** までを入力可能とします。まずは入力値が上限か下限になったらボタンを **disable** にする処理を追加します。**App.vue** コンポーネントを次のように修正してください。

SAMPLE CODE src/App.vue

```
<template>
  <TheHeader text="My Counter" />
  <div>{{ count }}</div>
- <BaseButton @onClick="plusOne">+</BaseButton>
  <!-- count が 9999 以上で disable になる -->
+ <BaseButton :disabled="hasMaxCount" @onClick="plusOne">+</BaseButton>

- <BaseButton @onClick="minusOne">-</BaseButton>
  <!-- count が 0 以下で disable になる -->
+ <BaseButton :disabled="hasMinCount" @onClick="minusOne">-</BaseButton>
  <div>
-   <NumberInput v-model.numberOnly="inputCount" />
+   <NumberInput v-model.numberOnly="inputCount" max="9999" min="0" />
    <BaseButton @onClick="insertCount">insert</BaseButton>
  </div>
</template>

<script>
import TheHeader from './components/TheHeader.vue';
import BaseButton from './components/BaseButton.vue';
import NumberInput from './components/NumberInput.vue';

export default {
  components: {
    TheHeader,
    BaseButton,
    NumberInput,
  },
  data() {
    return {
      count: 0,
      inputCount: 0,
    };
  },
+ watch: {
    // this.inputCountを監視して変化があるたびにメソッドが実行される
+   inputCount(value) {
      // 入力値が9999以上の場合、常にthis.inputCountを9999で維持する
```

```
+      if (value >= 9999) {
+        this.inputCount = 9999;
+      }
       // 入力値が0以下の場合、常にthis.inputCountを0で維持する
+      if (value <= 0) {
+        this.inputCount = 0;
+      }
+    },
+  },
+  computed: {
     // countが9999以上になったらtrueを返すcomputedプロパティ
+    hasMaxCount() {
+      return this.count >= 9999;
+    },
     // countが0以下になったらtrueを返すcomputedプロパティ
+    hasMinCount() {
+      return this.count <= 0;
+    },
+  },
  methods: {
    plusOne() {
      this.count++;
    },
    minusOne() {
      this.count--;
    },
    insertCount() {
      this.count = this.inputCount;
    },
  },
};
</script>

<style>
#app {
  font-family: Avenir, Helvetica, Arial, sans-serif;
  -webkit-font-smoothing: antialiased;
  -moz-osx-font-smoothing: grayscale;
  text-align: center;
  color: #2c3e50;
  margin-top: 60px;
}
</style>
```

　computed プロパティを追加しました。 **computed** には値を返すメソッドを定義でき、他のプロパティやテンプレートからは返却された値をそのまま参照できます（ **methods** と異なり、実行しなくてもよい）。

`computed` は内部でリアクティブな値を追跡しており、リアクティブな値が変化するたびにそのメソッドを自動で再実行します。内部にリアクティブな値が含まれていない場合、再実行は行われません。

今回定義したのは `hasMaxCount` と `hasMinCount` の2つです。それぞれ `this.count` で `count` の値を監視しており、閾値を超えたタイミングで `true` を返します。 `BaseButton` の `disable` に `v-bind` でこれらの値をバインドすることで、0以下ではマイナスボタンが、9999以上ではプラスボタンが `disable` になります。

注意点として、`computed` から他の `computed` の値を参照すると相互参照によりループが発生することがあるため、極力避けましょう。

もう1つ `watch` というプロパティが追加されています。これはリアクティブな値に変化があるたびに定義したメソッドを実行するためのプロパティです。 `computed` と異なり、値を `return` する必要はありませんが、監視対象の値をメソッド名(キー名)にする必要があります。

`insertCount` を監視して、0以下になったときは0を、9999以上になったときは9999を `inserCount` へセットしています。これにより閾値を超える値をセットできないようにしています。 `Number Input` は `type="number"` を指定していますが、キーボードからの入力では `max` や `min` を指定していても閾値を超えた入力ができてしまうため、`watch` を用いてカバーしました。

`computed` と `watch` は似ていますが用途が違っています。 `computed` は返却する値が前回の計算結果と同じ場合、計算済みの値のキャッシュを返すため、再レンダリングが起こりません。一方、`watch` では実行結果が同じでも常に再実行するため、パフォーマンスの面を考えた場合、`computed` を用いる方が良くなります。

`compued` はリアクティブな値の計算結果から別のリアクティブな値を生成するためのプロパティ、`watch` は監視対象のリアクティブオブジェクトが変化したときの副作用を記述するためのプロパティといえます。

▌▌▌ 条件付きレンダリングとリストレンダリング

ここまでで一通りVueプロパティを体験してきました。この章の最後ではテンプレート内で条件分岐をする方法を学びましょう。カウンターアプリは閾値を持っていますが、実際に入力後、insertボタンをクリックするまで閾値に達しているかがわかりません。また、入力値が反映済みかどうかも挿入前にわかるとよいでしょう。

そこで、下記のときにアラートを出すように修正します。

- 閾値を超えた場合
- 未insertの間

閾値を超えた場合、その旨を表すアラートメッセージを表示するようにしてみましょう。

SAMPLE CODE src/App.vue

```
<template>
  <TheHeader text="My Counter" />
- <div>{{ count }}</div>
  <!-- 編集中や閾値を超えているときにバリデーションメッセージと入れ替える -->
+ <div v-if="!validationMessageList.length">{{ count }}</div>

  <!-- validationMessageListの要素数分ループして描画する -->
+ <div v-else v-for="message in validationMessageList" :key="message">
+   {{ message }}
+ </div>

  <BaseButton :disabled="hasMaxCount" @onClick="plusOne">+</BaseButton>
  <BaseButton :disabled="hasMinCount" @onClick="minusOne">-</BaseButton>
  <div>
    <NumberInput v-model.numberOnly="inputCount" max="9999" min="0" />
    <BaseButton @onClick="insertCount">insert</BaseButton>
  </div>
</template>

<script>
import TheHeader from './components/TheHeader.vue';
import BaseButton from './components/BaseButton.vue';
import NumberInput from './components/NumberInput.vue';

export default {
  components: {
    TheHeader,
    BaseButton,
    NumberInput,
  },
  data() {
    return {
      count: 0,
      inputCount: 0,
+     isEditing: false,
    };
  },
  watch: {
    inputCount() {
-     if (value >= 9999) {
-       this.inputCount = 9999;
-     }

-     if (value <= 0) {
-       this.inputCount = 0;
-     }
```

```
        // 編集されるたびに編集中フラグをtrueにする
+       this.isEditing = true;
      },
    },
    computed: {
      hasMaxCount() {
        return this.count >= 9999;
      },
      hasMinCount() {
        return this.count <= 0;
      },
+     hasMaxInputCount() {
        // inputCountが9999より多い場合、trueを返す
+       return this.inputCount > 9999;
+     },
+     hasMinInputCount() {
        // inputCountが0より少ない場合、trueを返す
+       return this.inputCount < 0;
+     },
+     validationMessageList() {
        // inputCountに対するバリデーションメッセージを格納する配列
+       const validationList = [];

        // 編集中のときにメッセージをプッシュする
+       if (this.isEditing) {
+         validationList.push('編集中...');
+       }


        // inputCountが上限値を超えているときにメッセージをプッシュする
+       if (this.hasMaxInputCount) {
+         validationList.push('9999以上は入力できません');
+       }

        // inputCountが下限値を超えているときにメッセージをプッシュする
+       if (this.hasMinInputCount) {
+         validationList.push('0以下は入力できません');
+       }
+       return validationList;
+     },
    },
    methods: {
      plusOne() {
        this.count++;
      },
      minusOne() {
        this.count--;
```

```
    },
    insertCount() {
      // 閾値を超えているときは反映しない
+     if (this.hasMaxInputCount || this.hasMinInputCount) return;
      this.count = this.inputCount;
+     this.isEditing = false;
    },
  },
};
</script>

<style>
#app {
  font-family: Avenir, Helvetica, Arial, sans-serif;
  -webkit-font-smoothing: antialiased;
  -moz-osx-font-smoothing: grayscale;
  text-align: center;
  color: #2c3e50;
  margin-top: 60px;
}
</style>
```

　入力の閾値を超えているときに行う処理はバリデーションメッセージとinsert時の処理へ任せるようになったため、**watch** オプションがすっきりしました。また、カウントの表示部分にも手を加えました。 **v-if** と **v-for** というディレクティブを使って、条件分岐と配列のループ処理を行っています。

　v-for は配列やオブジェクトなどを受け取って要素を1つずつ取り出しながら順にレンダリングするディレクティブです。 **取り出した要素 in ループ対象** という形式で記述します。 **v-for** ディレクティブは **key** 指定を **v-bind** を用いて行い、**key** はユニークとなるものが推奨されます。今回の場合、メッセージ文字列はすべてユニークなため、そのまま利用できます。

　computed プロパティに追加した **validationMessageList** によって常にバリデーションメッセージのリストが更新され、変化するたびに **v-for** は再レンダリングをします。

　v-if ディレクティブはその名の通り渡された条件によってレンダリングをするかしないか制御するためのものです。 **false** が渡されるとディレクティブを記述した要素はレンダリングをスキップします。

　対となるディレクティブに **v-else** があり、**v-if** が **false** になったときの代替コンテンツとしてレンダリングされます。 **v-else-if** と書くことで分岐処理をつなげることもできます。

　validationMessageList の長さが0のとき、つまりバリデーションに何も違反していないときはカウントを表示し、そうでない場合バリデーションメッセージを表示するようになりました。

COLUMN	v-ifとv-forを同時に使いたい

　　`v-if` と `v-for` はテンプレートにおける基本的な機能なため、最もよく使われるディレクティブといえます。これらを同時に使いたい場面も出てくることがありますが、すべてのリストを `v-if` で毎回、再レンダリングすることはパフォーマンスの観点から推奨されていません。

　　そのための代替手段として `computed` などでループする値をフィルターしておくか、下記のようにtemplateタグを用いて `v-for` で取り出した要素を `v-if` の条件に使う方法があります。

　　templateタグはtemplateの直下以外であればどこにでも書くことができ、レンダリングには影響しません。

```
<template>
  <div>
    <template v-for="todo in todos" :key="todo.name">
      <li v-if="!todo.isComplete">
        {{ todo.name }}
      </li>
    </template>
  </div>
</template>
```

　　また、v2までは `v-if` と `v-for` が同時に記述されていた場合は `v-for` が優先されていましたが、v3からは `v-if` を優先するようになりました。既存のコードを移植する場合、意図しないレンダリングが発生する可能性があるため、注意しましょう。

▌ この章のまとめ

　　この章ではカウンターアプリケーションを通して基本的なVueコンポーネントとそのプロパティやディレクティブについて学びました。アプリケーションの規模が大きくなるほどここで書かれていることのみでは足りなくなってきますが、この基本形が土台となることには変わりありません。

　　次章で学ぶComposition APIはより大きな規模のアプリケーション構築向けAPIなため、Options APIに慣れてきたら徐々に移行してみてもよいでしょう。本書を一通り読んだらカウンターアプリをCompotision APIで書き直してみてください。

CHAPTER 04

Composition API

　この章ではv3より新たに追加されたComposition APIについて紹介します。この章の後もこれらを利用したコードがたくさん出てくるため、迷ったり、思い出したくなれば何度でも読み返してみてください。

SECTION-012

Composition APIとは

Composition APIは、v3から開発者がより柔軟にロジックを組み立てられるよう提供された関数と、それを実行するプロパティの総称です。Composition APIにはOptions APIと同等の機能を備えたReactivity APIや、ライフサイクルフックを含みます。

これらは新たに関数として定義されただけでなく、コア部分から再実装されより最適化されています。パフォーマンスや使い勝手の面でもより進化しているといえるでしょう。

III setupプロパティ

Composition APIは必ず **setup** という関数内で実行されます。これはv3から追加された新たなVueプロパティです。

Composition APIは **setup** の外で呼び出されても動作しません。ただし、定義する場所は問わないため、**setup** から抽出して外部ファイルに書くことができます。あくまで実行されるのが **setup** の中、というルールになっています。そのため、この関数はコンポーネントのエントリーポイントとも捉えられます。

```
<script>
function foo() {
  // setupの外でもComposition APIを記述できる
}

export default {
  setup() {
    // ここにComposition APIを記述できる

    foo() // APIを利用する関数がsetupで呼び出されていれば動作する
  }
}
</script>
```

setup は **props** プロパティの解決直後に呼び出されます。第1引数には **props** が、第2引数にはコンテキストが暗黙的(自動的)に渡されます。コンテキストは次のプロパティを持つオブジェクトです。

- attrs
- slots
- emit
- (expose)

　attrs は親から渡された **class** 属性やイベントハンドラー（ **v-on** などのディレクティブ含む）、**slots** は渡されたslotへのプロキシ参照で、**slot** は読み取り専用となっています。これらは値が更新されるとリアクティブに反応するので、常に最新の値を参照できます。そして、v2系と同じように **emit** を用いて子から親へデータを送信できます。

　setup の最後に **return** を記述することで、値や関数をテンプレート内で参照できます。

```html
<template>
  <button @click="hundleEmit('hello')">click</button>
</template>

<script>
export default {
  props: {
    foo: {
      type: String,
      default: 'foo'
    },
  },
  setup(props, ctx) {
    console.log(props.foo) // => foo

    function hundleEmit(str) {
      ctx.emit('baz', str) // 親へhelloという文字列が渡される
    }

    return {
      handleEmit, // 関数をreturnしてテンプレートで使う
    }
  }
}
</script>
```

　setup プロパティにはいくつか注意点が存在します。

- setupは一度しか実行されない
- 第1引数のpropsをオブジェクトスプレッドで取り出すとリアクティブ性を失う
- すべてのライフサイクルフック（後述）よりも前に実行される
- setup内からOptions APIプロパティへアクセスできない（逆は可能）
- propsの解決より後に実行される

COLUMN	expose関数

　expose は親へ公開したいオブジェクトを引数として受け取って実行することで、親側から **ref** 参照（後述）を用いて子の値へアクセスできるようにするものです。基本的に親が子の値を参照するのは **emit** を用いてイベント送信を行う手法が一般的なため、通常の開発では利用しないことをおすすめします。

●子コンポーネント

```
<script>
export default {
  name: 'ChildComponent'
  setup(props, { expose }) {

    const onAlert = () => {
      alert('child fun');
    };

    // 親へ公開したいオブジェクトを渡して実行する
    expose({
      handleClick
    });

  },
};
</script>
```

●親コンポーネント

```
<template>
  <ChildComponent ref="componentRef">
</template>

<script>
import { ref, onMounted } from 'vue'
import ChildComponent from './ChildComponent'

export default {
  components: {
    ChildComponent,
  },
  setup(props) {
    const componentRef = ref()
    onMounted(() => {
      componentRef.value.onAlert() // マウント時にアラートが表示される
    })

    return { componentRef }
  },
};
</script>
```

Reactivity APIを知る

Composition APIの中でも、リアクティブな値を管理するためのものは**Reactivity API**と呼ばれます。値をリアクティブにするための関数や、値が変化したときに計算を行い、新たな値を返す関数、変化を監視して副作用を起こす関数など、さまざまです。

ここではReactivity APIに相当する機能の中で、プロダクト開発でよく使うものを抜粋して紹介します。ここで紹介しきれなかったものに関して情報が必要な場合、公式のドキュメントを参照してください。

URL https://v3.vuejs.org/api/reactivity-api.html

Ⅲ reactive

`reactive` はオブジェクトや配列をリアクティブ化するために使用します。そのため、Reactivity APIの中でも中心となる関数です。

この関数は引数としてオブジェクトか配列を受け取り、そのプロキシを返却します。プロキシとは、ES2016から導入された **Proxy** を用いて作られたオブジェクトのことです。Vue.jsではこのプロキシを用いてオブジェクトの依存関係を追跡しています。

URL https://developer.mozilla.org/ja/docs/Web/JavaScript/
Reference/Global_Objects/Proxy

このプロキシオブジェクトはプロパティに変更があった際に、その値に依存しているすべての値や関数に変更があったことを伝えます。

```
<template>
  私は{{ animal.type }}です <!-- 最初にDog、ボタンを押すとCatと表示される -->
  <button @click="setType('cat')">set</button>
</template>

<script>
import { reactive } from 'vue'

export default {
  setup() {
    // プロキシオブジェクトが返却される
    const animal = reactive({
      type: 'Dog',
    })

    // animal.typeを上書きする関数
    function setType(type) {
      animal.type = type
```

```
    }

    return {
      animal,
      setType,
    }
  }
}
</script>
```

　setType 関数はリアクティブ化されたオブジェクト（プロキシ）を更新する関数です。この場合、「set」ボタンをクリックすると即座に「Cat」が表示されます。 animal のプロパティである type が変更されたことで、それに依存している「私はDogです」の部分が自動的に再描画（更新）されます。

　プロキシはもとのオブジェクトとは別のオブジェクトです。リアクティブ化する前のオブジェクトは追跡できないため、極力、変更しないように注意しましょう。

COLUMN 　**浅いリアクティブ化**

　reactive はオブジェクトが深くネストされていても再帰的にリアクティブ化します。望まない場合、shallowReactive という再帰的なリアクティブ化を行わない関数を用いて回避できます。使い方は、単純に reactive を置き換えるだけです。

```
setup() {
  const obj = shallowReactive({
    foo: {
      bar: 'baz'
    }
  })

  obj.foo.bar // リアクティブ化されない
}
```

| COLUMN | 配列のリアクティブ化 |

Vue.jsにおいてリアクティブな配列の取り扱いは悩みの種でした。v2では配列の変更を破壊的なメソッドを用いて知らせる必要がありました。

```
data() {
  return {
    data: ['foo']
  }
},
computed() {
  currentWord() {
    return this.data[0] // updateDataを実行してもfooのまま
  },
},
methods() {
  updateData() {
    this.data[0] = 'bar' // 変更が伝達されない
  },
  updateSpliceData() {
    this.data.splice(0, 1, 'bar') // 変更が伝達される
  }
}
```

そのため、要素の更新は必ず **splice** を使う、などのソリューションを用いることが一般的でした。v3ではリアクティブシステムが **Proxy** によって改善されたことで添え字によるアクセスでの更新ができるようになり、解消されました。

```
setup() {
  const data = reactive(['foo'])
  function updateData() {
    data[0] = 'bar' // ['bar']
  }
}
```

04 Composition API

ref

ref は 0 や 'hello' 、null といったプリミティブな値（オブジェクトでない値）をリアクティブな値にして返却するリアクティブ化APIです。返却値は value というプロパティを持つオブジェクトになります。値を参照するときは、この value にアクセスします。

オブジェクトを渡した場合は内部的に reactive へ渡されます。そのため、プロジェクト内で reactive を一切使用せず、ref に統一する方針もとれますが、この挙動は暗黙的なので、チームなどでは相談して許可するかを決めるとよいでしょう（参照する場合、obj.value.xxx のようにします）。

また、ref によってリアクティブ化した値は setup から return すると自動的にアンラップされます。テンプレート内では value にアクセスする必要はありません。

```
<template>
  {{ foo }}   <!-- foo -->
</template>

<script>
import { ref } from 'vue';

export default {
  setup() {
    const foo = ref('foo')
    console.log(foo.value) // => foo

    const obj = ref({
      bar: 'baz'
    })
    console.log(obj.value.bar) // => baz

    return {
      foo
    }
  }
}
</script>
```

ref はレンダリングされたDOM要素を直接参照することにも利用できます。次の例ではレンダリングされた後にクリックイベントでDOM自体の参照を得ています。

```
<template>
  <div class="m-4">
    <!-- ref 属性にref()で生成した値を渡す -->
    <div ref="countRef">{{ count }}</div>
    <button @click="getCountRef">getCountRef</button>
  </div>
</template>
```

▼

```ts
<script lang="ts">
import { ref } from 'vue';
export default {
  setup() {
    const count = ref(0)
    const countRef = ref(null)

    const getCountRef = () => {
      console.log(countRef.value) // <div>0</div>
    }

    return {
      count,
      countRef,
      getCountRef,
    }
  },
};
</script>
```

04 | Composition API

COLUMN | refはProxyベースじゃない?

ref を通すと value というプロパティを持つオブジェクトになって返る動作ですが、そもそもなぜオブジェクトにして返す必要があるのでしょうか。それは、Vueはオブジェクト以外の値(プリミティブな値)の変更を検知できないからです。Vueは **Proxy** を用いて依存関係を管理していますが、**Proxy** はターゲットにプリミティブ値をとることができません。

そのため、**ref** ではProxyを用いずに、内部定義された依存関係の追跡ロジックを持つクラスを利用しています。このクラスは **value** というプロパティとそのgetter/setterを持ちます。getter/setterで依存関係を更新する処理を行うことで、**Proxy** を使わずにリアクティブを実現しています。

詳細はvue-nextリポジトリで確認できます。

URL https://github.com/vuejs/vue-next/blob/
ffdb05e1f1b69e737e249b081e7049c74aaf25e8/packages/
reactivity/src/ref.ts

⦀ readonly

　`readonly` は少し特殊なAPIです。引数で受け取ったオブジェクトを読み取り専用なリア
クティブオブジェクトにして返却します。引数はプレーンなオブジェクトでも `reactive` を通した
ものでもよく、`ref` オブジェクトも渡すことができます。

　`readonly` はオブジェクトのリアクティブ化に `reactive` と同じ処理を用います。そのた
め返されるオブジェクトは **Proxy** でリアクティブ化されます。注意点として、**Proxy** は受け
取ったオブジェクトとは別のオブジェクトを返却するため、読み取り専用にする前のもとのオブ
ジェクトは変更できてしまいます。

　さらに、もとのオブジェクトがリアクティブな値だった場合、読み取り専用オブジェクトにも影響
を与えます。使い方には十分注意を払い、予想外な副作用を起こさないようにしましょう。

```
<script>
import { readonly, reactive } from 'vue';

export default {
  setup() {
    // オブジェクトをリアクティブ化する
    const state = reactive({
      id: 1,
      name: 'Evan You',
    })

    const readonlyState = readonly(state)

    // 読み取り専用なため上書きできない
    console.log(readonlyState.name = '') // => Set operation on key "name" failed: target is
                                         // readonly.

    // もとのオブジェクトは変更できる
    console.log(state.name = '') // => ''

    // もとのオブジェクトがリアクティブな場合、読み取り専用オブジェクトも影響を受ける
    console.log(readonlyState.name) // => ''
  }
}
</script>
```

COLUMN	浅いReadonly化

reactive と同様に readonly もネストされたオブジェクトのプロパティをすべて読み取り専用なリアクティブプロパティにします。再帰的に処理を行いたくない場合、shallowReadonly 関数を使うことで回避できます。ただし、shallowReadonly はリアクティブ化もスキップしてしまうため、注意が必要です。

```
setup() {
  const obj = shallowReadonly({
    foo: {
      bar: 'baz'
    }
  })

  obj.foo.bar // 読み取り専用にもリアクティブにもならない
}
```

III computed

computed は監視対象に変化があるたび、引数で受け取ったgetter関数を実行して新しい ref オブジェクトを返す関数です。監視対象の値は ref や reactive によってリアクティブ化されている必要があります。

```
<template>
  {{ count }}   <!-- ボタンを押すたびに1ずつ増える -->
  {{ double }} <!-- ボタンを押すたびに2倍される -->
  <button @click="increment">increment</button>
</template>

<script>
import { computed } from 'vue';

export default {
  setup() {
    // 監視対象をリアクティブ化
    const count = ref(1)
    function increment() {
      count.value++
    }

    // countに変化があるたびにcount * 2の実行結果を返却します
    const double = computed(() => {
      return count.value * 2
    })
```

▼

```
    return {
      count,
      double,
      increment,
    }
  }
}
</script>
```

computed が返す値は読み取り専用なため、変更を加えることはできません。ただし、get と set を定義したときは返却された値を set 経由で上書きできます。この場合、関数ではなくオブジェクトを引数として渡します。

```
<script>
import { computed } from 'vue';

export default {
  setup() {
    const count = ref(1)

    // 読み取り専用オブジェクトなため上書き不可
    const immutable = computed(() => {
      return count * 2
    })

    // getter/setterを持つオブジェクトを渡すと上書き可能になる
    const mutable = computed({
      get: () => {
        return count;
      },
      set: (newValue) => {
        count.value = newValue.value;
      },
    });

    console.log(immutable.value = 0) // => Write operation failed: computed value is readonly
    console.log(mutable.value = 0) // => 0
  }
}
</script>
```

▥ watchEffect/watch

watchEffect は引数で受け取った関数内のリアクティブな値に変化があった際に、その関数を都度、実行します。 **computed** と異なり、**ref** オブジェクトを返却しませんが、代わりに監視を停止させるための関数を返します。渡す関数自体に **return** は不要です。

```
<template>
  <button @click="increment">increment</button>
  <button @click="stopHandler">stop</button>
</template>

<script>
import { watchEffect } from 'vue';

export default {
  setup() {
    const count = ref(1)
    function increment() {
      count.value++
    }

    // increment関数が動作するたびに現在のカウントが出力される
    // 監視をストップさせるための関数が返却される
    const stopHandler = watchEffect(() => console.log(count.value))

    return {
      increment,
      stopHandler,
    }
  }
}
</script>
```

同じくリアクティブな値の監視に用いることができる関数として **watch** があります。これは Options APIのwatchプロパティと同様のものです。**watchEffect** との違いは次の要素です。

- 変更を監視するリアクティブな値を指定する必要がある
- 変更があった際に実行する関数を監視対象とは別で渡す必要がある
- 監視対象の変更前の値と後の値を引数で受け取ることができる

下記は文字列から数値へ変更されたときのみログを出力するサンプルコードです。

```
<script>
import { watch } from 'vue';

export default {
  setup() {
    // 監視対象のリアクティブな値
    const state = ref('0');

    // 監視する値と変更があった際に実行する関数を受け取る
    watch(state, (next, prev) => {
      // stringからnumberへ変化した時のみログを出力する
      if (typeof prev === 'string' && typeof next === 'number') {
        console.log('move string => number');
      }
    });
  }
}
</script>
```

COLUMN	watchEffectとwatchはreactivityに存在しない

Reactivity APIはすべて **package/reactivity** の中で管理されており、また単体でも **@vue/reactivity** ライブラリとしてexportされています。そのため開発者はVueのリアクティブな機能のみを **@vue/reactivity** からインポートして使うことができます。

しかし、**watchEffect** と **watch** は **package/runtime-core** という別のディレクトリに存在します。そのため、**watchEffect** や **watch** を用いてリアクティブなライブラリを作成しようとしても、**@vue/reactivity** からは使うことができません。

この問題を解決するため、Vue.jsのコアチームメンバーは **watchEffect** と **watch** を **reactivity** としてexportしたライブラリを公開しています。

URL https://github.com/vue-reactivity/watch/

ライフサイクルメソッドとライフサイクルフック

　Vue.jsにおいて**ライフサイクル**とは、生成したコンポーネントが画面に表示され、最終的に破棄されるまでの一連の流れの中で実行されるイベントのことを指します。ライフサイクルは下図のような時系列になっています。

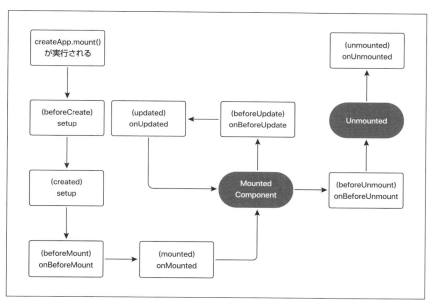

　Vueは**ライフサイクルメソッド**、または**ライフサイクルフック関数**を用いて記述した処理を各タイミングで自動的に実行します。v3よりComposition APIとしてもライフサイクルが提供されたため、開発者は各ライフサイクルを関数としてインポートして **setup** 内で使用できます。このセクションではそれぞれのライフサイクルについて説明します。本章はComposition APIについて解説する章ですが、Options APIのライフサイクルプロパティと比べてコードがどのように変化するのかも合わせて記述します。

▌ beforeMount/onBeforeMount

beforeMount および onBeforeMount は、コンポーネントインスタンスがマウントされる（DOMに反映される）直前に呼び出されるライフサイクルフックです。onBeforeMount に限らず、ライフサイクルフックは接頭辞に on が付きます。また、ライフサイクルメソッドと同時に使用した場合はライフサイクルフックの方が先に処理されます。

このライフサイクルはコンポーネントのインスタンス生成時に準備したテンプレート（templateタグまたはtemplateプロパティ）で置き換える対象のDOM要素に対してアクセスできる最後のタイミングになります。コンポーネントの el プロパティか、コンポーネントのルート要素をターゲットにテンプレートで記述されたHTMLへ置き換える処理がこのライフサイクルの後に行われます。

beforeMount はインスタンス化の時点でオプション全体の初期化がすでに終わっているため、他のプロパティを参照できます。一方、onBeforeMount は setup 内で登録される都合上他プロパティへ参照ができません。

```
<div id="app"></div>
```

```
<script>
import { onBeforeMount } from 'vue'
export default {
  el: '#app', // マウント対象を指定できるプロパティ
  setup() {
    onBeforeMount(() => {
      // beforeMountよりも先に実行される
      console.log('onBeforeMount!')
    })
  },
  data() {
    return {
      test: 'test'
    }
  },
  beforeMount() {
    // thisから他のプロパティを参照できる
    console.log(this.test)
    // 置き換え対象のDOM要素へアクセスできる最後のタイミング
    console.log(this.$el) // -> <div id="app"></div>
  }
};
</script>
```

III mounted/onMounted

　mounted および onMounted は、コンポーネントがDOMへマウントされたときに実行されるライフサイクルです。このライフサイクルが実行されるのは実際に画面へデータが出力されたタイミングとなるため、さまざまな用途で利用できます。

　たとえば、URLのクエリパラメータを用いた処理がある場合、setup では参照できないため、mounted で行うのがよいでしょう。その他にも window や document といったグローバルなAPIへの参照や、マウントされたテンプレートのDOM要素への直参照などが考えられます。beforeMount および onBeforeMount と異なり、すでにインスタンスがマウントされているため、this.$el などでターゲット要素へアクセスするとテンプレートに記述した内容が参照されます。

　一方でこのタイミングで行うのは遅い処理というものも存在します。フォームの入力ページが編集と詳細を兼ねているケースでは、mounted でデータを取得してからフォームへ挿入すると、値が遅れて表示されることがあります。ページが表示されると同時に見せたい内容はより前の段階で処理を完了させましょう。

　また、子コンポーネントがすべてマウントされたのかについて mounted および onMounted は確認せず、あくまで自インスタンスのマウントのみ管理します。すべての子コンポーネントがマウントされてから処理を行いたい場合、nextTick を利用します。

```
<div id="app"></div>

<template>
  <div>Hello</div>
</template>

<script>
import { onMounted, nextTick } from 'vue'

export default {
  el: '#app',
  setup() {
    onMounted(() => {
      // beforeMountよりも先に実行される
      console.log('onBeforeMount!')

      nextTick(() => {
        // 子コンポーネントがすべてマウントされた後に実行したい処理を書く
      })
    })
  },
  data() {
    return {
      test: 'test'
```

```
    }
  },
  mounted() {
    this.$nextTick(() => {
      // Options APIも同様にnextTickで子のマウント後の処理を書く
    })
    // 置き換え対象のDOMがテンプレートの内容へ置き換えられている
    console.log(this.$el) // -> <div>Hello</div>
  }
};
</script>
```

||| beforeUpdate/onBeforeUpdate

コンポーネントが依存しているリアクティブな値に変化があった場合、その要素は再レンダリングされます。このとき、**mounted** フックまで戻るわけではなく、**beforeUpdate** および **onBefore Update** が呼ばれます。 **beforeMounted** および **onBeforeMounted** と同様に、レンダリング対象が変化する前のDOMを参照できます。このときに参照するのは **<div id="app" />** のような完全なマウント前の要素ではなく、**mounted** フック(または前回の **updated**)でレンダリングされた要素となります。このライフサイクルは1度目のマウント処理では呼ばれません。

次の例では、**setInterval** によって1秒ごとに **beforeUpdate** および **onBeforeUp date** が実行されます。

```ts
<template>
  <div ref="countRef">
    {{ count }}
  </div>
</template>

<script lang="ts">
import { onBeforeUpdate, onMounted, ref } from 'vue';

export default {
  setup() {
    const count = ref(0)
    const countRef = ref(null)

    onMounted(() => {
      // 1秒ごとにcountをインクリメントする
      setInterval(() => {
        count.value++
      }, 1000)
    })

    onBeforeUpdate(() => {
```

```
   // countの変化による再レンダリングの度に実行される
   // レンダリング前のDOMを参照する
   console.log(countRef.value)
 })

 return {
   count,
   countRef
 }
},
beforeUpdate() {
   console.log('beforeUpdate!')
 }
};
</script>
```

‖ updated/onUpdated

updated および onUpdated は、再レンダリングされたあとに実行されるライフサイクルです。 ref 参照はレンダリング後のDOM要素を取得します。

‖ beforeUnmount/onBeforeUnmount

beforeUnmount および onBeforeUnmount は、コンポーネントが破棄される直前に呼び出されます。まだインスタンスが残っているため、「ページ遷移時」や「ダイアログを閉じたとき」などコンポーネントが破棄される直前にやっておきたい処理が記述できます。特に v-if や v-for で管理している値の変化よってコンポーネントがレンダリングされなくなるタイミングで利用されます。

●子コンポーネント

```
<template>
  <div>Hello</div>
</template>

<script lang="ts">
import { onBeforeUnmount } from 'vue';

export default {
  name: 'ChildComponent',
  setup() {
    onBeforeUnmount(() => {
      // 自身が非表示になる直前に実行される
      console.log('onBeforeUnmount')
    })
  },
  beforeUnmount() {
```

```
      console.log('beforeUpdate!')
  }
};
</script>
```

●親コンポーネント

```
<template>
  <ChildComponent v-if="isShownChild" />
  <!-- ボタンを押すたびにChildComponentがmount/unmountされる -->
  <button @click="toggleShow">toggle</button>
</template>

<script lang="ts">
import { ref } from 'vue';
import ChildComponent from './ChildComponent.vue'

export default {
  components: {
    ChildComponent,
  },
  setup() {
    const isShownChild = ref(true)
    const toggleShow = isShownChild.value = !isShownChild.value

    return {
      isShownChild,
      toggleShow,
    }
  },
};
</script>
```

⚟ unmounted/OnUnmounted

unmounted および OnUnmounted は、マウントされたコンポーネントが破棄された後に実行されるライフサイクルです。 document.addEventlistener などで登録した処理をコンポーネントの破棄とともに削除したい場合などにその処理を記述する、などのユースケースが考えられます。また、setInterval などは解除を忘れるとレンダリングのたびに登録されてしまうので注意が必要です。

URL https://developer.mozilla.org/ja/docs/Web/API/
EventTarget/addEventListener

URL https://developer.mozilla.org/ja/docs/Web/API/
WindowOrWorkerGlobalScope/setInterval

beforeCreatedとcreated

v2で存在した **beforeCreated** と **created** はComposition API上では廃止されました。ライフサイクルフックを記述するためのプロパティである **setup** はすべてのライフサイクルよりも前に実行されるため、これらで行っていた処理は **setup** に直接書くことと同じになります。

```
<script>
import { onMounted } from 'vue'

export default {
  setup() {
    let message = 'mounted'

    // ライフサイクルメソッドにコールバックを渡して実行する
    onMounted(() => {
      console.log(message) // mounted!
    })

    // setup内の処理はどのライフサイクルフックよりも先に実行される
    message += '!'
  }
}
</script>
```

onRenderTrcaked

onRenderTrcaked は、コンポーネントの中で、リアクティブな値に変化があるたびに発火します。引数にはそのときのイベントが入っており、ログ出力などを介して確認できます。引数として入ってくるイベントオブジェクトの中には次のプロパティが含まれます。

プロパティ	説明
effect	どのイベントトリガーで値が変更されたかを示す。通常はreactiveEffect
key	追跡するオブジェクトのキー
target	追跡対象となる値
type	このイベントを起こしたメソッドの種類

onRenderTriggered

onRenderTriggered は、コンポーネントの中で、リアクティブな値を変化させるイベントが起こるたびに発火します。引数には変化を起こしたときの値が入っており、ログ出力などを介して確認できます。引数として入ってくるイベントオブジェクトの中には次のプロパティが含まれます。

プロパティ	説明
effect	どのイベントトリガーで値が変更されたかを示す。通常はreactiveEffect
key	変更されたオブジェクトのキー
newValue	変更後の値
oldTarget	変更前の追跡対象
oldValue	変更前の値
target	追跡対象となる値
type	このイベントを起こしたメソッドの種類

onRenderTracked はコンポーネントの初回レンダリング時と trigger イベントの実行後、onRenderTriggered はリアクティブイベントを検知したときに実行されると覚えておきましょう。

```
<template>
  <div>
    <div>{{ count }}</div>
    <button @click="increment">increment</button>
  </div>
</template>

<script>
import {
  ref,
  onRenderTracked,
  onRenderTriggered,
} from 'vue';

export default {
  setup() {
    const count = ref(0)
    const increment = () => count.value++

    onRenderTracked((e) => {
      // 初回レンダリング時とtriggerイベント発火後に実行される
      console.log('tracker', e);
    });

    onRenderTriggered((e) => {
      // increment関数が実行され、countが変化する度に実行される
      console.log('trigger', e);
    });

    return {
      count,
      increment,
    }
  },
};
</script>
```

injectとprovide

v3から `inject` と `provide` というComposition API関数が使えるようになりました。これらを利用することで、コンポーネントの親子関係を飛び越えて状態管理できます。

`provide` によってコンポーネントインスタンスに任意の値と、その目印になるkey（id）を登録します。このとき、登録する値はリアクティブな値でもプレーンな値でもかまいません。`inject` では `provide` で登録した際に一緒に渡したkeyを使い、値を取り出せます。リアクティブな値を登録していた場合は取り出した後もリアクティブが維持されます。

`inject` を用いるには `provide` を使って値を登録したコンポーネントよりも下のコンポーネントである必要があります。つまり、`provide` と `inject` は「親へ登録して保持した値を子で取り出す機能」といえます。子コンポーネントであればどれだけ階層が深くなっていても、間に存在するコンポーネントを無視して取り出すことができます。

SAMPLE CODE App.vue

```
<template>
  <AppButton />
</template>

<script>
import { provide } from 'vue';
import AppButton from './components/AppButton'

export default {
  components: {
    AppButton,
  }
  setup() {
    const key = 'unique' // 一意なキーを作る
    const user = {
      firstName: 'Evan',
      lastname: 'You',
    }
    provide(key, user) // キーと保持したい値を渡す

    return {
      key,
    }
  },
};
</script>
```

SAMPLE CODE composents/UserDetail.vue

```
<template>
  name: {{ user.firstName }}{{ user.lastName }} <!-- Evan You -->
</template>

<script>
import { inject } from 'vue';

export default {
  setup() {
    const user = inject('unique') // キーを用いて値を取り出す

    return {
      user,
    }
  },
};
</script>
```

COLUMN | Vue v2時代にもあったinject/provide

　v2時代にもOptions APIとして **inject** と **provide** の双方が存在しましたが、リアクティブな値を取り使うことができず、また、公式でライブラリ開発など一部の用途でのみ利用することを推奨していたため、アプリケーション開発においてはあまり利用されてきませんでした。

　v3では関数ベースでの提供とリアクティブな値への対応、TypeScriptによる静的な型付けのサポートもあり、組み込みの状態管理ツールとしてメインを張れるほどの進化を遂げています。

■ この章のまとめ

　この章ではComposition APIに分類される機能や関数群について学びました。v2からより進化し、利便性が向上したリアクティブ関数は、今後のVue開発でもスタンダードなものになっていきます。基本的な動作原理を理解し、Composition APIを手足のように使えるまでこの章を読み返すとよいでしょう。

CHAPTER 05

UIコンポーネント ライブラリで学ぶ Vue v3

この章では今まで学んできた知識をフルに活用して実際の開発現場で作られているようなVueコンポーネントライブラリを作ってみましょう。より高度な技術や知識を取り入れられるため、Vue経験者の方にもおすすめです。

UIコンポーネントライブラリとは

　一般的に**UIコンポーネントライブラリ**（以下、UIライブラリ）とは、再利用可能な状態でさまざまなコンポーネントを一括で提供しているオープンソースライブラリのことを指します。VueのUIライブラリで有名なものには**Element Plus**や**Ant Design**、**Vuetify**などがあり、日本企業でも活発に利用されています。

- Element Plusの公式サイト

   URL　https://element-plus.org/#/en-US

- Ant Designの公式サイト

   URL　https://www.antdv.com/docs/vue/introduce/

- Vuetifyの公式サイト

   URL　https://vuetifyjs.com/ja/

　UIライブラリは1から実装をすることなく機能と見た目を統一できるというメリットがあり、アプリケーションの開発に注力したい場合などに活躍します。一方で、サービスでは成長に従ってそのライブラリがカバーしている範囲を越えようとしたときに拡張性の限界に突き当たることも多く、UIを自作してライブラリ化している企業も多く存在します。

　UIライブラリにはボタンやアラートといった一般的なものから、グリッドレイアウト、アニメーションなどをサポートするためのCSSクラスなどを提供しているものまでニーズに合わせた幅広い実装が求められます。また、利用時に機能が制限されてしまわないように十分なイベント管理の仕組みとインタフェースが必要で、深い知識が要求される領域でもあります。

　本章で実際にUIライブラリを実装することでVue.jsで開発する力を身に付けながらよりv3について深く知っていきましょう。

環境構築

　この章でもviteを用いて環境を構築してからライブラリ作成に入ります。CHAPTER 03で体験したカウンターアプリよりも本格的な開発ができるように導入するライブラリも多くなっています。

　必要な説明は都度しますが、TypeScriptとは何かといったライブラリ固有の説明は最小限に留めます。興味のある方はドキュメントへのリンクを登載しておくので、そちらをご覧ください。

▐▐▐ viteでVue+TypeScript環境をセットアップする

　ではライブラリ開発をするための環境をセットアップしましょう。CHAPTER 03で構築したNode.js環境をそのまま使います。ターミナルなどで **Users/user_name/dev/** （または任意の開発ディレクトリ）に移動し、次のコマンドを実行します。

```
npm init @vitejs/app
```

　下記と同じになるよう選択肢を選んでください。プロジェクト名は最後にライブラリとして公開する際の名前となるため、ユニークなものになるようにしてください。

```
❯ npm init @vitejs/app
npx: 5個のパッケージを1.677秒でインストールしました。
✔ Project name: · ushironoko-ui-components
✔ Select a framework: · vue
✔ Select a variant: · TypeScript

Scaffolding project in /Users/ushironoko/work/dev/ushironoko-ui-components...

Done. Now run:

  cd ushironoko-ui-components
  npm install
  npm run dev
```

　さて、CHAPTER 03と比較すると「Select a variant」の項目で **TypeScript** 選んでいる点が異なります。**TypeScript**はJavaScriptの機能を100%維持しつつ、型システムを導入したMicrosoft製のプログラミング言語です。

● TypeScriptの公式サイト

URL https://www.typescriptlang.org/ja/

　昨今のフロントエンド開発ではTypeScriptはデファクトスタンダードとなっており、OSSプロジェクトでも多くのライブラリがTypeScriptに対応しています。Vue v3においてもTypeScriptの型システムを利用すると堅牢かつ高いDXを実現できるため、チャレンジしてみましょう。

それでは指示された通り作成したディレクトリへ移動してnpmライブラリをインストールしましょう。できたら `npm run dev` と入力し、開発サーバの立ち上げまで行ってください。次の画面が立ち上がります。

ページに記載されている文言に注目してください。setup時のおすすめとして「VS Code + Vetur or Volar」と書かれています。**Vetur**（ヴィーター）や**Volar**（ヴォラ）はVue.jsの開発を支援するためのVS Code拡張機能です。これらを利用すると、SFCファイル内でのプロパティ補完や型検査ができます。

Volarは後発の拡張機能でVue v3向けのものです。特にTypeScript面でのサポートがVeturよりも進んでいるため利用しましょう。下記のマーケットプレイスページか、VS Codeの拡張機能タブで「volar」と検索してインストールしてください。

URL https://marketplace.visualstudio.com/
items?itemName=johnsoncodehk.volar

次にSFCファイルの型チェックができるライブラリを導入してみましょう。Volarによって型の違反はエディタ上で赤線表示されるので気付くことはできますが、そのままコンパイルが通ってしまいます。型チェックを別で走らせることができるライブラリがあるため、それを利用します。

```
npm install -D vue-tsc
```

インストールできたら、**package.json** に型チェック用のスクリプトを記述しておきましょう。後述のセクションで利用します（バージョン番号は執筆時点のもの）。

SAMPLE CODE package.json

```
{
  "name": "ushironoko-ui-components",
  "version": "0.0.0",
  "scripts": {
    "dev": "vite",
+   "tsc": "vue-tsc --noEmit",
+   "build": "npm run tsc && vite build",
    "serve": "vite preview"
  },
  "dependencies": {
    "vue": "^3.0.5"
  },
  "devDependencies": {
    "@vitejs/plugin-vue": "^1.2.2",
    "@vue/compiler-sfc": "^3.0.5",
    "typescript": "^4.1.3",
    "vite": "^2.3.4",
    "vue-tsc": "^0.1.6"
  }
}
```

Tailwind CSSでスタイリング環境を構築する

カウンターアプリの章では標準要素のみでロジックの面を学びました。この章ではCSSスタイリングに関する部分も合わせて学んでいきましょう。今回、スタイリングに用いるライブラリは、Tailwind CSSというものです。

● Tailwind CSSの公式サイト
URL https://tailwindcss.com/

Tailwind CSSはユーティリティーファーストなCSSライブラリで、スタイリングに必要なユーティリティクラスを一通り提供してくれます。たとえば **.mt-1** というクラスを記述するとデフォルトでは **margin-top: 0.25rem** というスタイルがあたります。

また、Tailwind CSSは本番ビルド時に利用されていないユーティリティクラスをビルド結果
から除外する機能も備わっており、サイズ削減にも一役買ってくれます。設定ファイルを記述
することでユーティリティクラスそのものをカスタマイズできる点も魅力的です。先ほどの例の
`.mt-1` というクラスも、当たるスタイルの内容を任意に調整できます。

それではTailwind CSSに関するライブラリを一通りインストールしましょう。

```
npm install -D tailwindcss@latest postcss@latest autoprefixer@latest
```

Tailwind CSS 本体と、動作させるために必要な2つのライブラリをインストールしました。
Tailwind CSSには初期設定をするコマンドが用意されているので活用しましょう。下記のコ
マンドをコンソールなどで実行してください。

```
npx tailwindcss init -p
```

実行後、下記のログが出力されます。

```
> npx tailwindcss init -p

tailwindcss 2.1.2 // 執筆時点のバージョン番号

✓ Created Tailwind config file: tailwind.config.js
✓ Created PostCSS config file: postcss.config.js
```

プロジェクトのルートに **tailwind.config.js** と **postcss.config.js** が生成されま
した。これらはTailwind CSSを動作させるために必要なファイルで、カスタマイズする際もこれ
らのファイルを編集していきます。詳細は次のセクションで説明します。

続けて、**tailwind.config.js** の内容を一部修正します。

SAMPLE CODE tailwind.config.js

```
module.exports = {
- purge: [],
+ purge: ['./index.html', './src/**/*.{vue,js,ts}'],
  darkMode: false, // or 'media' or 'class'
  theme: {
    extend: {},
  },
  variants: {
    extend: {},
  },
  plugins: [],
};
```

次に `assets` ディレクトリの配下に `tailwind.css` ファイルを作ってください。

SAMPLE CODE assets/tailwind.css

```
@tailwind base;
@tailwind utilities;
```

最後に `src/main.ts` で `tailwind.css` を読み込みます。

SAMPLE CODE src/main.ts

```
import { createApp } from 'vue';
import App from './App.vue';
+ import './assets/tailwind.css';

createApp(App).mount('#app');
```

また、Tailwind CSSにもユーティリティクラス名を補完してくれるVS Codeの拡張機能があるため導入しておきましょう。拡張機能タブで `tailwindcss` と検索するか、マーケットプレイスからインストールしてください。

URL https://marketplace.visualstudio.com/
items?itemName=bradlc.vscode-tailwindcss

以上でTailwind CSSを使う準備は完了です。

COLUMN フォーマッタやリンタの追加設定

この章ではUIライブラリについて学ぶことに注力するため、フォーマッタやリンタといった支援ツールの導入は必須とはしていません。もし導入したい場合は下記のライブラリをnpmからインストールするのがおすすめです。

- prettier
- eslint
- eslint-config-prettier
- eslint-plugin-vue
- @typescript-eslint/parser
- @typescript-eslint/eslint-plugin

また、下記のファイル群をプロジェクトルートに配置してください。

SAMPLE CODE .prettierrc

```
{
  "singleQuote": true,
  "semi": true,
  "printWidth": 100
}
```

05 UIコンポーネントライブラリで学ぶVue v3

SAMPLE CODE .eslintec.js（rulesは一例）

```
module.exports = {
  env: {
    browser: true,
    es2020: true,
    node: true,
  },
  extends: ['plugin:@typescript-eslint/recommended', 'plugin:vue/vue3-recommended',
'prettier'],
  parserOptions: {
    parser: '@typescript-eslint/parser',
    ecmaVersion: 2020,
    warnOnUnsupportedTypeScriptVersion: false,
    extraFileExtensions: ['.vue'],
  },
  plugins: ['@typescript-eslint'],
  rules: {
    quotes: ['error', 'single'],
    '@typescript-eslint/explicit-function-return-type': 'off',
    '@typescript-eslint/explicit-module-boundary-types': 'off',
    '@typescript-eslint/no-empty-function': 'off',
    'vue/no-v-html': 'error',
    'vue/v-bind-style': 'off',
    'vue/v-on-style': 'off',
    'vue/component-name-in-template-casing': [
      'error',
      'PascalCase',
      {
        ignores: [
          'keep-alive',
          'transition',
          'transition-group',
          'component',
          'slot',
          'router-link',
          'router-view',
          'nuxt-link',
        ],
      },
    ],
  },
};
```

TypeScriptのリンタ設定をした場合、**shims-vue.d.ts**（後述）で型のエラーが発生するため修正しましょう。

SAMPLE CODE src/shims-vue.d.ts

```
declare module '*.vue' {
  import { DefineComponent } from 'vue';
  // {} → Record<string, unknown>、any → unknown
- const component: DefineComponent<{}, {}, any>;
+ const component: DefineComponent<Record<string, unknown>,
+                  Record<string, unknown>, unknown>;
  export default component;
}
```

prettierとESLintはVS Codeの拡張機能を提供しています。導入するとエディタ上でエラーがわかったり、ファイル保存時に自動でフォーマットしてくれるため導入すると管理が楽になります。

● ESLint

URL https://marketplace.visualstudio.com/
items?itemName=dbaeumer.vscode-eslint

● Prettier

URL https://marketplace.visualstudio.com/
items?itemName=esbenp.prettier-vscode

プロジェクトの構成

諸々のインストールができたら、スキャフォールドしたプロジェクトをVS Codeで開いて中身を確認していきましょう。現在プロジェクトは次のような構成になっています。

||| TypeScriptに関するファイルについて

プロジェクト生成時点でTypeScriptに関連するのは次のファイルです。

- main.ts
- shims-vue.d.ts
- vite-env.d.ts
- tsconfig.json

このセクションではTypeScriptに関するファイルについての説明をします。今回のライブラリ開発で必須となる知識ではないため、必要がなければ `main.ts` の説明以外は読み飛ばしても構いません。

まず **main.ts** というファイルがあります。これは **main.js** のTypeScript版です。Type Scriptでは拡張子を **.ts** とします。このファイルの中では型システムを用いた開発が行えます。

TypeScriptにはコンパイラが内蔵されており、コンパイル時に通常のJavaScriptファイルへ変換します（**トランスパイル**と呼びます）。viteでは最初からコンパイル周りの設定が組み込まれているため、開発者が追加で作業する必要はありません。

次に **shims-vue.d.ts** というファイルを開いてください。次のようになっています。

SAMPLE CODE shims-vue.d.ts

```
declare module '*.vue' {
  import { DefineComponent } from 'vue';
  const component: DefineComponent<{}, {}, any>;
  export default component;
}
```

これは型定義ファイルと呼ばれるものです。このファイルではTypeScriptに「.vueと付くファイルはVue.jsのファイルですよ」と伝えるための記述がされています。型定義ファイルがないと、特殊な拡張子を持つSFCファイルをTypeScriptが認識できないため、必要となります。

TypeScriptを用いたVue.js開発では、SFCファイル内のJavaScript（scriptタグの中）の記述もTypeScriptを利用できます。SFCファイル内でTypeScriptを記述するときには、**script** ブロックに **lang** 属性を指定します。

また、v3からはVue本体が提供している **defineComponent** 関数へオプションオブジェクトを渡して、それをデフォルトエクスポートするようにします。こうすることでオプションオブジェクト内の型検査が働くようになります。

```
<script lang="ts">
import { defineComponent } from 'vue'

// lang="ts"とするとscriptブロック内にTypeScriptを記述できるようになる
type MyProps = { ... }

export default defineComponent({...}) // オプションオブジェクト内で型検査や補完が効くようになる
</script>
```

同じ階層にある **vite-env.d.ts** も同様に型定義ファイルになります。こちらはトリプルスラッシュディレクティブが記述されています。

● トリプルスラッシュディレクティブ

URL https://js.studio-kingdom.com/typescript/handbook/
triple_slash_directives#reference_types

SAMPLE CODE vite-env.d.ts

```
/// <reference types="vite/client" />
```

viteはNode.js上で動作するライブラリですが、この記述によりviteが組み込みでサポートしているクライアントに関する型定義ファイル（DOM APIなど）が読み込まれプロジェクト内で利用できるようになっています。型定義には画像ファイルやCSSなども含まれます。

> **URL** https://github.com/vitejs/vite/blob/
> b6d12f71c1dbd5562f25bc2c32c44eed32b27e94/
> packages/vite/client.d.ts

`tsconfig.json` には、TypeScriptがコンパイルするときに必要な情報を記述できます。viteが生成するものは次のようになっています。

SAMPLE CODE tsconfig.json

```
{
  "compilerOptions": {
    "target": "esnext",
    "module": "esnext",
    "moduleResolution": "node",
    "strict": true,
    "jsx": "preserve",
    "sourceMap": true,
    "resolveJsonModule": true,
    "esModuleInterop": true,
    "lib": ["esnext", "dom"]
  },
  "include": ["src/**/*.ts", "src/**/*.d.ts", "src/**/*.tsx", "src/**/*.vue"]
}
```

ここにはTypeScriptからどの世代のEcmaScriptへトランスパイルするかや、読み込む対象のディレクトリやファイルなどを指定できます。

viteはそれぞれVueをTypeScriptで記述するための設定を自動で行ってくれるため、すぐに開発を始められます。設定を拡張したい場合もこれらのファイルに追記する形で進めていきます。

||| Tailwind CSSに関するファイルについて

Tailwind CSSに関するファイルは次の3つです。

- tailwind.config.js
- PostCSS.config.js
- tailwind.css

`tailwind.config.js` はその名の通り、Tailwind CSSの設定ファイルです。生成した直後では次のようになっています。

SAMPLE CODE tailwind.config.js

```
module.exports = {
  purge: [],
  darkMode: false, // or 'media' or 'class'
  theme: {
    extend: {},
  },
  variants: {
    extend: {},
  },
  plugins: [],
};
```

　設定ファイルにはTailwind CSSの機能をON/OFFしたり、ユーティリティクラスのカスタマイズ設定を記述できます。たとえば、**purge** というプロパティにはユーティリティクラスが記述される可能性のあるファイルへのパスを文字列で指定します。パスの記述はglobパターンをサポートしています。

```
purge: ['./index.html', './src/**/*.{vue,js,ts}'],
```

　こうすることで、Tailwind CSSはビルド時に指定されたパスのファイルをすべて探索して使用されているユーティリティクラスを見つけます。見つかったクラス以外はすべてビルド結果から排除されるため、最終的なビルドサイズが削減されます。

　また、**theme** プロパティはユーティリティクラス自体をカスタマイズするためのオプションです。たとえば、**margin** のユーティリティクラスを4px刻みにしたい場合は次のように設定します。

SAMPLE CODE tailwind.config.js

```
theme: {
  extend: {
    margin: {
      '1': 4px,
      '2': 8px,
      '3': 12px,
      '4': 16px,
      '5': 20px,
    }
  },
},
```

　上記を設定すると、**mt-1** とした場合、**margin-top: 4px** というスタイルが当たります。このように **theme** プロパティではデフォルトで設定されているクラスの値やキーを自由に変更できます。

　その他のプロパティについて詳しく知りたい場合は公式ドキュメントをご覧ください。

● Configuration - Tailwind CSS

　URL https://tailwindcss.com/docs/configuration

05

UIコンポーネントライブラリで学ぶVue v3

111

次に `postcss.config.js` ですが、これはPostCSSというライブラリに関する設定ファイルです。

● PostCSS

URL https://postcss.org/

PostCSSはJavaScriptでCSSを変換するためのライブラリで、Tailwind CSSはPostCSSに依存しています。設定ファイルにPostCSSのプラグインを記述してビルド時のCSSを生成したり、変形させたりできます。

デフォルトでは次のようになっています。

SAMPLE CODE postcss.config.js

```
module.exports = {
  plugins: {
    tailwindcss: {},
    autoprefixer: {},
  },
};
```

設定ファイルからもわかるように、Tailwind CSSはPostCSSのプラグインとして振る舞います。また、同時にインストールした**autoprefixer**も同じくPostCSSプラグインの1つとして利用できます。autoprefixerはビルド過程でブラウザベンダーによるCSSの差異を吸収するためのベンダープレフィックスを自動的に付与してくれます。

URL https://github.com/postcss/autoprefixer

ボタンコンポーネントを作る

　新しく利用するアーキテクチャの概要を把握したところで、さっそくコンポーネントを作っていきましょう。 **src/components/buttons/** ディレクトリに **BaseButton.vue** ファイルを作成してください。

SAMPLE CODE src/components/buttons/BaseButton.vue

```
<template>
  <button class="px-2 rounded-md h-11" @click="handleClick">
    <slot />
  </button>
</template>

<script lang="ts">
import { defineComponent } from 'vue';
export default defineComponent({
  name: 'BaseButton',
  emits: {
    click: null,
  },
  setup(_, { emit }) {
    const handleClick = () => {
      emit('click');
    };

    return {
      handleClick,
    };
  },
});
</script>
```

　このコンポーネントはさまざまなボタンコンポーネントの基となるコンポーネントです。そのため、親から渡される要素を受け取るslotとクリック時のイベントを送信するハンドラーのみを定義しています。

　class の部分に記述したものがTailwind CSSのユーティリティクラスです。角丸やスペーシングのみを持ち、カラーについては親から指定して使います。

　それではBaseButtonを使って実際に読み込んで使うボタンを作っていきましょう。同じ階層に **PrimaryButton.vue** と **SecondaryButton.vue** を作成します。

05
UIコンポーネントライブラリで学ぶVue v3

113

SAMPLE CODE src/components/buttons/PrimaryButton.vue

```
+ <template>
+   <BaseButton :disabled="disabled" :class="buttonClass" @click="handleClick">
+     <slot />
+   </BaseButton>
+ </template>

+ <script lang="ts">
+ import { computed, defineComponent } from 'vue';
+ import BaseButton from './BaseButton.vue';

+ export default defineComponent({
+   name: 'PrimaryButton',
+   components: {
+     BaseButton,
+   },
+   props: {
+     disabled: {
+       type: Boolean,
+       default: false,
+     },
+   },
+   emits: {
+     click: null,
+   },
+   setup(props, { emit }) {
+     const handleClick = () => {
+       emit('click');
+     };

+     const buttonClass = computed(() =>
+       props.disabled ? 'text-gray-400 bg-gray-100' : 'text-white bg-gray-800'
+     );

+     return {
+       handleClick,
+       buttonClass,
+     };
+   },
+ });
</script>
```

SAMPLE CODE src/components/buttons/SecondaryButton.vue

```
+ <template>
+   <BaseButton :disabled="disabled" :class="buttonClass" @click="handleClick">
+     <slot />
+   </BaseButton>
```

```
+ </template>

+ <script lang="ts">
+ import { computed, defineComponent } from 'vue';
+ import BaseButton from './BaseButton.vue';

+ export default defineComponent({
+   name: 'SecondaryButton',
+   components: {
+     BaseButton,
+   },
+   props: {
+     disabled: {
+       type: Boolean,
+       default: false,
+     },
+   },
+   emits: {
+     click: null,
+   },
+   setup(props, { emit }) {
+     const handleClick = () => {
+       emit('click');
+     };

+     const buttonClass = computed(() =>
+       props.disabled ? 'text-gray-400 bg-gray-100' : 'text-gray-900 bg-gray-200'
+     );

+     return {
+       handleClick,
+       buttonClass,
+     };
+   },
+ });
+ </script>
```

05 UIコンポーネントライブラリで学ぶVue v3

　PrimaryとSecondaryは見た目が違いますが、同じBaseButtonを基にしているため、Base
Buttonへの機能拡張があったときに挙動を揃えることができます。

　現時点では記述がほとんど同じなので分ける必要性を感じないかもしれません。確かに機
能がシンプルなうちは **type** などの **props** を定義して内部でスタイルを切り替える実装も良さ
そうです。

　一方でSecondaryにのみ機能を追加したい場合はどうでしょうか？　共通した処理はBase
Buttonに実装していけばよいですが、そうでないものを1つのコンポーネントで管理していくこと
はコードベースの肥大化につながり、シンプルさを失ってしまます。

　拡張性を体験するために、SecondaryButtonにのみリンク機能を追加してみましょう。 `href`
が指定されたときは `a` タグと同様の振る舞いをするイメージです。

SAMPLE CODE src/components/buttons/SecondaryButton.vue

```
<template>
+ <a
+   v-if="$attrs.href"
+   :disabled="disabled"
+   class="inline-flex items-center justify-center px-2 no-underline rounded-md h-11"
+   :class="linkButtonClass"
+   ><slot
+ /></a>
- <BaseButton :disabled="disabled" :class="buttonClass" @click="handleClick">
+ <BaseButton v-else :disabled="disabled" :class="buttonClass" @click="handleClick">
    <slot />
  </BaseButton>
</template>

<script lang="ts">
import { computed, defineComponent } from 'vue';
import BaseButton from './BaseButton.vue';

export default defineComponent({
  name: 'SecondaryButton',
  components: {
    BaseButton,
  },
  props: {
    disabled: {
      type: Boolean,
      default: false,
    },
+   link: {
+     type: Boolean,
+     default: false,
+   },
  },
  emits: {
    click: null,
  },
  setup(props, { emit }) {
    const handleClick = () => {
      emit('click');
    };

    const buttonClass = computed(() =>
      props.disabled ? 'text-gray-400 bg-gray-100' : 'text-gray-900 bg-gray-200'
```

▼

```
    );                                                        ▼
+   const linkButtonClass = computed(() =>
+     props.disabled ? 'text-gray-400 bg-gray-100' : 'text-gray-900 bg-gray-200'
+   );

    return {
      handleClick,
      buttonClass,
+     linkButtonClass,
    };
  },
});
</script>
```

aタグかBaseButtonを使う分岐処理を追加しました。 $attrs というのはattributeの略称、つまり属性で、親で指定した属性がオブジェクトとしてすべて入っています。 v-if による分岐処理で参照して、親で href を指定したときは a タグを使用するようになっています。

デフォルトでVueは付与された属性をすべてコンポーネントのルート要素にバインドします。親で記述した href や target 属性が子の a タグに付与されるのはこの機能によるものです。

v3よりコンポーネントのルート要素は複数記述できるようになったため、自動的なバインドができないときもあります。 v-bind="$attrs" と明記することで任意の要素に属性をバインドできることも合わせて覚えておきましょう。

SecondaryButtonでは v-if 、 v-else によってレンダリングされる際に子要素が1つに絞られるので明示的にバインドする必要はありません。

ONEPOINT inheritAttrsと$attrs

この属性をルート要素にバインドする機能は inheritAttrs というオプションプロパティで管理できます。デフォルトでは true になっており、 false を明示的に指定することでルート要素への自動バインドをしないようにできます。 inheritAttrs の値にかかわらず、明示的に $attrs を v-bind で渡すことで任意の要素へバインドできます。

v3より $attrs へ渡される属性が変更されています。もともとは class と style は含まれていませんでしたが、含まれるようになりました。また、 $listeners も合わせて統合されました。詳しくは下記を参照してください。

● classとstyleを含む$attrs

URL https://v3.ja.vuejs.org/guide/migration/
attrs-includes-class-style.html#class-%E3%81%A8-style-
%E3%82%92%E5%90%AB%E3%82%80-attrs

● $listenersの削除

URL https://v3.ja.vuejs.org/guide/migration/listeners-removed.html
#listeners-%E3%81%AE%E5%89%8A%E9%99%A4

117

それでは作成したボタンコンポーネントを **App.vue** で読み込んで、それぞれの見た目と動作を確認しましょう。サンプルをまとめるコンポーネントを作って、**App.vue** で読み込みます。

SAMPLE CODE src/components/buttons/ButtonSample.vue

```
<template>
  <div>
    <p class="mb-2 text-2xl">Buttons</p>
    <div class="mb-2">
      <PrimaryButton @click="handleClick">Primary</PrimaryButton>
    </div>
    <div class="mb-2">
      <PrimaryButton :disabled="true" @click="handleClick"
        >Primary Disabled</PrimaryButton
      >
    </div>
    <div class="mb-2">
      <SecondaryButton @click="handleClick">Secondary</SecondaryButton>
    </div>
    <div class="mb-2">
      <SecondaryButton :disabled="true" @click="handleClick"
        >Secondary Disabled</SecondaryButton
      >
    </div>
    <div class="mb-2">
      <SecondaryButton href="http://example.com" target="_blank" rel="noopener"
        @click="handleClick"
        >Secondary Link</SecondaryButton
      >
    </div>
  </div>
</template>

<script lang="ts">
import { defineComponent } from 'vue';
import PrimaryButton from './PrimaryButton.vue';
import SecondaryButton from './SecondaryButton.vue';

export default defineComponent({
  name: 'ButtonSample',
  components: {
    PrimaryButton,
    SecondaryButton,
  },
  emits: ['click'],
  setup() {
    const handleClick = () => {
      alert('clicked');
```

▼

```
+    };
+
+    return {
+      handleClick,
+    };
+  },
+ });
+ </script>
```

SAMPLE CODE src/App.vue

```
<template>
+   <ButtonSample />
</template>

<script lang="ts">
import { defineComponent } from 'vue';
+ import ButtonSample from './components/buttons/ButtonSample.vue';

export default defineComponent({
  name: 'App',
  components: {
+   ButtonSample,
  },
});
</script>
```

それぞれが正しく機能しているかクリックして確認してみましょう。disableになっているボタンはクリックイベントを指定していてもアラートが表示されません。また、SecondaryButtonはリンクとしても機能させられるようになっています。

このように継承先コンポーネントすべてに拡張した機能を付与したい場合はBaseButton、個別に拡張したいものは継承先コンポーネント自体に手を入れていく方法がおすすめです。特に作り込むことが予想されるコンポーネントでは分割統治を意識した開発が重要になってきます。

ダイアログコンポーネントを作る

次にダイアログコンポーネントを作っていきましょう。ダイアログはボタンをクリックして表示し、内部でボタンを使ってイベントを発火するなど、ボタンコンポーネントと組み合わせて使うことが多いため、次に作るにはうってつけです。

SAMPLE CODE src/components/modals/MyDialog.vue

```
+ <template>
+   <teleport v-if="visible" to="body">
+     <div
+       v-bind="$attrs"
+       class="
+         fixed
+         top-0
+         left-0
+         flex
+         items-start
+         justify-center
+         w-screen
+         h-screen
+         overflow-y-scroll
+         backdrop-filter backdrop-blur-md
+       "
+       @click.stop="clickBackDrop"
+     >
+       <section
+         class="box-border max-w-screen-sm p-3 mx-2 my-16 bg-white shadow-xl rounded-20"
+         @click.stop
+       >
+         <header>
+           <div class="w-full text-center">
+             <slot name="title"></slot>
+           </div>
+         </header>
+         <div class="py-3">
+           <slot name="body" />
+         </div>
+         <footer>
+           <slot name="footer"></slot>
+         </footer>
+       </section>
+     </div>
+   </teleport>
+ </template>
```

```ts
+ <script lang="ts">
+ import { defineComponent, watchEffect } from 'vue';

+ export default defineComponent({
+   name: 'MyDialog',
+   props: {
+     visible: {
+       type: Boolean,
+       required: true,
+     },
+   },
+   emits: ['backdropClicked'],
+   setup(props, { emit }) {
+     const clickBackDrop = () => {
+       emit('backdropClicked');
+     };

+     watchEffect((onInvalidate) => {
+       if (!props.visible) return;

+       const overflow = document.documentElement.style.overflow;
+       document.documentElement.style.overflow = 'hidden';

+       onInvalidate(() => {
+         document.documentElement.style.overflow = overflow;
+       });
+     });

+     return {
+       clickBackDrop,
+     };
+   },
+ });
+ </script>
```

teleport というタグを使っています。 teleport はv3から利用できるようになった組み込みのコンポーネントです。to 属性で指定したHTML要素かクエリセレクター(id や class など)を持つ要素をターゲットにして、teleport 配下のコンテンツをマウントします。

MyDialogコンポーネントは親から渡された visible の値が true の場合、body の直下にコンテンツを挿入します。これにより、z-index や重ね合わせコンテキストを意識することなく親の要素へダイアログを表示できます。

また、3つのslotに name 属性が付いています。slotで name を指定すると、親で渡すコンテンツを振り分けることができます。これを**名前付きスロット**と呼びます。MyDialogコンポーネントでは title 、body 、fotter の3つの名前付きスロットを用いています。

親では template タグに v-slot="name" の形式で対象のスロットを指定し、コンテンツを渡します。 v-slot は v-on や v-bind と同様に # と省略して書くことができます（例: #title ）。

● 子コンポーネント

```
<template>
  <div>
    <slot name="title" />
  </div>
  <div>
    <slot name="body" />
  </div>
</template>
```

● 親コンポーネント

```
<template>
  <div>
    <template v-slot="title">...</template>
  </div>
  <div>
    <template #body>...</template>
  </div>
</template>
```

次にクリックイベントに指定している .stop という記述を説明します。 stop 修飾子はクリックイベントで指定できるイベント修飾子の1つです。これらはクリック時のイベントを制御するための修飾子で、 event.preventDefault() や event.stopPropagation() の呼び出しを簡略化できます。 stop 修飾子は event.stopPropagation() を呼び出しイベントの伝播を止めます。

stop 修飾子により、背景をクリックした時のイベントがその配下へ伝播するのを防いでいます。またイベント修飾子はハンドラーを記述せずに利用でき、 section タグで利用してダイアログのクリックイベントが背景へ伝播するのを防いでいます。 section タグの stop 修飾子を外してダイアログをクリックすると閉じてしまうことがわかります。

その他のイベントについては下記のドキュメントを参照してください。

● v-on

URL https://v3.ja.vuejs.org/api/directives.html#v-on

最後にダイアログ表示中は背景のスクロールを止める処理を追加して完成です。 watchEffect は引数として監視が中断される際に発火するコールバックである onInvalidate を受け取ることができます。監視対象はダイアログの表示フラグで、ダイアログ表示中はスクロールを固定し閉じるときに元へ戻しています。

早速、利用してみましょう。サンプルをまとめるコンポーネントを作り、 App.vue で読み込みます。

SAMPLE CODE src/components/dialog/DialogSamle.vue

```
+ <template>
+   <div>
+     <p class="mb-2 text-2xl">Dialogs</p>
+     <div>
+       <MyDialog :visible="dialogVisible" @backdrop-clicked="switchDialog">
+         <template #title>
+           <p class="font-bold">ダイアログ</p>
+         </template>
+         <template #body>
+           本文を記述します 本文を記述します 本文を記述します 本文を記述します 本文を記述します
+         </template>
+         <template #footer>
+           <div class="flex justify-end">
+             <SecondaryButton @click="switchDialog">close</SecondaryButton>
+           </div>
+         </template>
+       </MyDialog>
+     </div>
+     <div class="mb-2">
+       <PrimaryButton @click="switchDialog">open</PrimaryButton>
+     </div>
+   </div>
+ </template>

+ <script lang="ts">
+ import { defineComponent, ref } from 'vue';
+ import PrimaryButton from '../buttons/PrimaryButton.vue';
+ import SecondaryButton from '../buttons/SecondaryButton.vue';
+ import MyDialog from './MyDialog.vue';

+ export default defineComponent({
+   name: 'DialogSamle',
+   components: {
+     PrimaryButton,
+     SecondaryButton,
+     MyDialog,
+   },
+   setup() {
+     const dialogVisible = ref(false);
+     const switchDialog = () => {
+       dialogVisible.value = !dialogVisible.value;
+     };

+     return {
+       dialogVisible,
+       switchDialog,
```

```
+     };
+   },
+ });
+ </script>
```

SAMPLE CODE src/App.vue

```
<template>
+ <div class="m-4">
    <ButtonSample />
+   <DialogSample />
+ </div>
</template>

<script lang="ts">
import { defineComponent, ref } from 'vue';
import ButtonSample from './components/buttons/ButtonSample.vue';
+ import DialogSample from './components/dialog/DialogSample.vue';

export default defineComponent({
  name: 'App',
  components: {
    ButtonSample,
+   DialogSample,
  },
});
</script>
```

ダイアログボタンをクリックすると、ダイアログが表示されます。

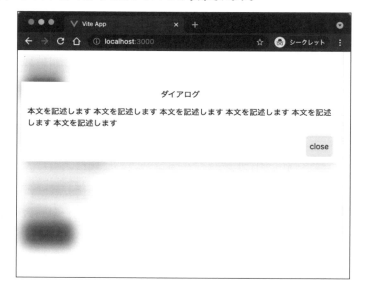

フォームコンポーネントを作る

次にフォームコンポーネントを作ります。フォームといってもさまざまなものがあるため、今回は下記に絞りましょう。

- input(text、number、password、email、tel)
- radio

input要素は **type** 属性に指定した内容によって変化する少し特殊な要素です。radioもinput要素ですが、通常のinputからの変化が大きいため、別コンポーネントとして管理しましょう。

input要素を拡張する

では、はじめに **InputText.vue** コンポーネントを作りましょう。

SAMPLE CODE src/components/forms/InputText.vue

```
+ <template>
+   <div
+     class="
+       relative
+       inline-block
+       w-full
+       overflow-hidden
+       border-2 border-solid
+       rounded-md
+       text-gray-80
+       h-14
+     "
+     :class="`${focusedClass} ${errorClass} ${disabledLabelClass}`"
+   >
+     <label class="relative flex items-center h-full px-2 cursor-text">
+       <span class="absolute text-gray-400 select-none" :class="`${smallLabelClass}`">
+         {{ label }}
+       </span>
+       <input
+         class="w-full mt-3 placeholder-gray-400 focus:outline-none"
+         :class="{ 'opacity-100': isFocus || value }"
+         :type="type"
+         :value="value"
+         :placeholder="isFocus ? placeholder : ''"
+         :disabled="disabled"
+         v-bind="$attrs"
+         v-on="listeners"
```

```
+        />
+      </label>
+    </div>
+  </template>

+  <script lang="ts">
+  import { defineComponent, computed, PropType, ref } from 'vue';

+  export default defineComponent({
+    name: 'InputText',
+    props: {
+      value: {
+        type: String,
+        default: '',
+      },
+      label: {
+        type: String,
+        required: true,
+      },
+      placeholder: {
+        type: String,
+        default: '',
+      },
+      type: {
+        type: String as PropType<'text' | 'number' | 'password' | 'email' | 'tel' | 'date'>,
+        default: 'text',
+      },
+      disabled: {
+        type: Boolean,
+        default: false,
+      },
+      isError: {
+        type: Boolean,
+        default: false,
+      },
+    },
+    emits: {
+      input: (targetValue: string) => true,
+      change: (targetValue: string) => true,
+      focus: (event: Event) => true,
+      blur: (event: Event) => true,
+      'update:value': (modelValue: string) => true,
+    },
+    setup(props, { emit }) {
+      const isFocus = ref(false);

+      const handleInput = ({ target }: { target: HTMLInputElement }) => {
```

```
+      emit('input', target.value);
+      emit('update:value', target.value);
+    };

+    const handleChange = ({ target }: { target: HTMLInputElement }) => {
+      emit('change', target.value);
+      emit('update:value', target.value);
+    };

+    const handleFocus = (event: Event) => {
+      isFocus.value = true;
+      emit('focus', event);
+    };

+    const handleBlur = (event: Event) => {
+      isFocus.value = false;
+      emit('blur', event);
+    };

+    const smallLabelClass = computed(() =>
+      isFocus.value || props.value || props.type === 'date'
+        ? 'transition origin-top-left transform scale-75 -translate-y-3 '
+        : ''
+    );

+    const errorClass = computed(() => (props.isError ? 'border-red-500' : ''));

+    const disabledLabelClass = computed(() =>
+      props.disabled && !props.value ? 'bg-gray-200' : ''
+    );

+    const focusedClass = computed(() =>
+      isFocus.value
+        ? 'border-blue-700 ring-blue-100 transition duration-100' : 'border-gray-300'
+    );

+    const listeners = computed(() => ({
+      input: handleInput,
+      change: handleChange,
+      focus: handleFocus,
+      blur: handleBlur,
+    }));

+    return {
+      listeners,
+      isFocus,
+      smallLabelClass,
```

127

```
+         errorClass,
+         disabledLabelClass,
+         focusedClass,
+     };
+   },
+ });
+ </script>
```

　先にサンプルを紹介します。実際にタブキーなどで操作し、どのような動きになっているか確認してみてください。

SAMPLE CODE src/components/forms/InputTextSample.vue

```
+ <template>
+   <div>
+     <p class="mb-2 text-2xl">Forms</p>
+     <div class="w-80">
+       <InputText
+         v-model:value="inputTextValue"
+         placeholder="placeholder"
+         label="InputText with v-model"
+       />
+     </div>
+     <div class="w-80">
+       <InputText
+         :value="inputTextValue"
+         placeholder="placeholder"
+         label="InputText with event handler"
+         @input="handleInputText"
+       />
+     </div>
+     <div class="w-80">
+       <InputText :disabled="true" label="disabled" />
+     </div>
+     <div class="w-80">
+       <InputText v-model:value="inputTextValue" :is-error="true" label="error" />
+     </div>
+     <div>
+       <InputText v-model:value="inputTextValue" label="width full" />
+     </div>
+     <div class="w-80">
+       <InputText v-model:value="inputNumberValue" type="number" label="number" />
+     </div>
+     <div class="w-80">
+       <InputText v-model:value="inputPasswordValue" type="password" label="password" />
+     </div>
+     <div class="w-80">
+       <InputText v-model:value="inputEmailValue" type="email" label="email" />
```

```
+    </div>
+    <div class="w-80">
+      <InputText v-model:value="inputTelValue" type="tel" label="tel" />
+    </div>
+    <div class="w-80">
+      <InputText v-model:value="inputDateValue" type="date" label="date" />
+    </div>
+  </div>
+ </template>

+ <script lang="ts">
+ import { defineComponent, ref } from 'vue';
+ import InputText from './InputText.vue';

+ export default defineComponent({
+   name: 'InputTextSample',
+   components: {
+     InputText,
+   },
+   setup() {
+     const inputTextValue = ref('');
+     const handleInputText = (value: string) => (inputTextValue.value = value);

+     const inputNumberValue = ref('0');
+     const inputPasswordValue = ref('');
+     const inputEmailValue = ref('');
+     const inputTelValue = ref('');
+     const inputDateValue = ref('');

+     return {
+       inputTextValue,
+       handleInputText,
+       inputNumberValue,
+       inputPasswordValue,
+       inputEmailValue,
+       inputTelValue,
+       inputDateValue,
+     };
+   },
+ });
+ </script>
```

SAMPLE CODE src/App.vue

```
<template>
  <div class="m-4">
    <ButtonSample />
    <DialogSample />
+   <InputTextSample />
  </div>
</template>

<script lang="ts">
import { defineComponent } from 'vue';
import ButtonSample from './components/buttons/ButtonSample.vue';
import DialogSample from './components/dialog/DialogSample.vue';
+ import InputTextSample from './components/forms/InputTextSample.vue';

export default defineComponent({
  name: 'App',
  components: {
    ButtonSample,
    DialogSample,
+   InputTextSample,
  },
});
</script>
```

　少し長いですが、順に説明していきます。InputTextは特定の **type** を許容するinputコンポーネントです。ポイントは受け入れる **type** をTypeScriptの型で指定している点、ハンドラーを **setup** で定義している点、ラベルやフォーカスのCSSを動的に制御している点です。

　type に指定した文字列以外を渡すとエディタ上で型違反の表示が出ます。これによりコンポーネントが想定していない **type** の受け渡しを防ぎます。一方でviteは型違反が起きていてもコンパイルエラーにせずビルドをしてしまいます。

　そこでSFCファイル内の型検査を行える **vue-tsc** を使います。 **InputTextSample.vue** に次の記述を追加した後、コンソールでコマンドを実行すると、型違反をしている箇所が表示されます。

SAMPLE CODE InputTextSample.vue

```
<div class="w-80">
  <!-- 許可されていない type を指定する -->
  <InputText v-model:value="inputDateValue" type="url" label="url" />
</div>
```

```
>  npm run tsc

> ushironoko-ui-components@0.0.0 tsc /Users/ushironoko/work/dev/ushironoko-ui-components
> vue-tsc --noEmit

src/App.vue:47:51 - error TS2322: Type '"url"' is not assignable to type '"number" |
"password" | "text" | "date" | "tel" | "email" | undefined'.

47            <InputText v-model:value="inputDateValue" type="url" label="url" />
```

props に厳密な型を定義するときは PropType を使います。 PropType はVueが提供するユーティリティ型で、TypeScriptの型をジェネリクス(ひし形のかっこ <>)を用いて受け取ることで厳密な型を指定できます。今回の場合、text や password といった文字列型を指定したため、string であってもそれ以外の文字列を渡すことができません。

使用するときはコンストラクタを as でキャストするようにします(例: String as PropType<'text'> 、Number as PropType<100> 、Object as PropType<{ title: string }> など)。

また、ランタイム(実行結果)でバリデーションしたいときは validator オプションを利用できます。こちらは違反した場合ブラウザコンソールに警告が表示されます。 PropType との併用も可能です。

```
const allowedType = ['text', 'number', 'password', 'email', 'tel', 'date']
type: {
  type: String as PropType<'text' | 'number' | 'password' | 'email' | 'tel' | 'date'>,
  default: 'text',
  validator: (value: ArrowedType) => allowedType.includes(value), // falseが返された場合
                                                          // コンソールに警告が出る
},
```

次にイベントハンドラーですが、v-on にまとめて listeners という computed を渡しています。 computed で返却した値は読み取り専用となるため、生成後に予期せぬ上書きなどを防ぐことができます。

イベントハンドラーでは v-model とvalue+DOMイベントの双方に対応できるようにemitしています。利用側で用途を制限しないための工夫ですが、今後ハンドラー内での処理を拡張したい場合もこの形であれば可能です。また、フォーカスとブラーのイベントではスタイルを切り替えるためにフラグを管理させています。

emits プロパティでは特にバリデーションを設けず常に true を返すようになっています。バリデーション関数の引数に型を明示することで、利用側でどの値を受け取るのかがわかるようになります。

```
:  input: (targetValue: string) => true
p
l  (property) input: (targetValue: string) => void
@input="handleInputText"
```

　ラベルやフォーカスのCSSをアニメーションさせています。これはフォーカスイベントでフラグが変更されるたびに `computed` が再実行され返却されるユーティリティクラスが変化するため実現できています。

　値を入力しているか、要素にフォーカスが当たっているときにはフォーカスリングが表示され、ラベルが小さくなります。 `type` に `date` を指定した場合、ChromeやFirefoxなどで年月日(またはyyyy/mm/dd)のラベルが挿入されるため、デフォルトで小さなラベルを表示しています。

　動的クラス(`v-bind` によるクラスのバインド)はオブジェクトで真偽値を管理するフラグとセットで記述できますが、複数条件や複数のクラスをまとめて管理する場合、 `v-bind` で当てる方法では煩雑になるため、 `computed` でまとめて定義することをおすすめします。

```
:class="{ 'opacity-100': isFocus || value }"
```

または

```
:class="`${focusedClass} ${errorClass} ${disabledLabelClass}`"
```

　また、親からの `class` 指定やinputの属性指定ができるように `$attrs` をバインドしている点もポイントです。 `props` で定義されていない属性はすべて `attrs` へ渡されます。

▌▌▌ ラジオボタンを拡張する

　次にraidoコンポーネントを作りましょう。radioはinput要素に `type="radio"` を属性として指定することで利用できます。inputの1つですが見た目や機能が大きく異なることからInputTextとは別で管理することにします。

SAMPLE CODE src/components/forms/InputRadio.vue

```
+ <template>
+   <label
+     class="inline-flex items-center h-6 align-middle cursor-pointer"
+     :class="{ 'cursor-not-allowed': disabled }"
+     @change="handleChange"
+   >
+     <input
+       v-bind="$attrs"
+       :value="value"
+       class="absolute w-0 h-0 outline-none opacity-0"
+       type="radio"
+       :checked="isChecked"
+       @focus="handleFocus"
+       @blur="handleBlur"
+     />
+     <div
+       class="
+         flex
+         items-center
```

```
+         justify-center
+         w-6
+         h-6
+         border-2 border-gray-200 border-solid
+         rounded-full
+         "
+       :class="`${checkedRingClass} ${focusedClass}`"
+     >
+       <span v-if="isChecked" class="w-3 h-3 rounded-full" :class="`${checkedCircleClass}`" />
+     </div>
+     <div class="pl-1">
+       <slot />
+     </div>
+   </label>
+ </template>

+ <script lang="ts">
+ import { computed, defineComponent, PropType, ref } from 'vue';

+ export default defineComponent({
+   name: 'InputRadio',
+   props: {
+     value: {
+       type: [String, Number, Array] as PropType<string | number | string[] | undefined>,
+       required: true,
+     },
+     checked: {
+       type: [String, Number, Array] as PropType<string | number | string[] | undefined>,
+       default: '',
+     },
+     disabled: {
+       type: Boolean,
+       default: false,
+     },
+     isError: {
+       type: Boolean,
+       default: false,
+     },
+   },
+   emits: {
+     'update:checked': (selectedValue: string | number | string[] | undefined) => true,
+     focus: (event: Event) => true,
+     blur: (event: Event) => true,
+   },
+   setup(props, { emit }) {
+     const isFocus = ref(false);
```

05

∪ーコンポーネントライブラリで学ぶVue v3

```
+    const handleChange = () => {
+      if (props.disabled) return;
+
+      emit('update:checked', props.value);
+    };

+    const handleFocus = (event: Event) => {
+      isFocus.value = true;
+      emit('focus', event);
+    };

+    const handleBlur = (event: Event) => {
+      isFocus.value = false;
+      emit('blur', event);
+    };

+    const isChecked = computed(() => props.value === props.checked);

+    const checkedRingClass = computed(() => {
+      if (props.disabled) {
+        return 'brder-gray-200 bg-gray-200 shadow-none';
+      }

+      if (isChecked.value && !props.isError) {
+        return 'border-blue-700';
+      }

+      if (isChecked.value && props.isError) {
+        return 'border-red-600';
+      }

+      return '';
+    });

+    const checkedCircleClass = computed(() => {
+      if (props.disabled) {
+        return 'bg-gray-200';
+      }

+      if (isChecked.value && !props.isError) {
+        return 'bg-blue-700';
+      }

+      if (isChecked.value && props.isError) {
+        return 'bg-red-600';
+      }
```

```
+      return '';
+    });
+
+    const focusedClass = computed(() => (isFocus.value ? 'ring-2' : ''));
+
+    return {
+      handleChange,
+      handleFocus,
+      handleBlur,
+      isChecked,
+      checkedRingClass,
+      checkedCircleClass,
+      focusedClass,
+    };
+  },
+ });
+ </script>
```

props で受け取った value と checked を比較して、同一値のときにinput要素の checked 属性が true となるようにしています。 props の checked には現在チェックしている値を渡します。ユーザーにチェックされるとradioが保持している value を emit して、親で管理している checked の値を更新します。

computed 内で props の値を監視している場合、親で checked の値が更新されると computed は再計算をして新しい値を返します。これにより isChecked フラグの値も更新され、フラグに依存しているCSSを返す computed も再計算されて適用されるクラスが変化します。

このradioは value とチェックされているかどうかを管理する値をもらうだけで動作する、使い勝手の良いコンポーネントになりました。 name 属性などは $attrs によってバインドされているためグループを作ることもできます。

サンプルを記述するコンポーネントを作り、実際に使ってみましょう。

SAMPLE CODE src/components/forms/InputRadioSample.vue

```
+ <template>
+   <div class="m-4">選択中 :{{ selectedRadio }}</div>
+   <div class="m-4">
+     <InputRadio v-model:checked="selectedRadio" :value="radioValue1" name="radio"
+       >radio1</InputRadio
+     >
+   </div>
+   <div class="m-4">
+     <InputRadio v-model:checked="selectedRadio" :value="radioValue2" name="radio"
+       >radio2</InputRadio
+     >
+   </div>
```

```
+
+    <div class="m-4">
+      <InputRadio v-model:checked="selectedRadio" :value="radioValue3" :disabled="true"
+        name="radio"
+        >radio disabled</InputRadio
+      >
+    </div>
+    <div class="m-4">
+      <InputRadio v-model:checked="selectedRadio" :value="radioValue4" :is-error="true"
+        name="radio"
+        >radio error</InputRadio
+      >
+    </div>
+  </template>

+ <script lang="ts">
+ import { defineComponent, ref } from 'vue';
+ import InputRadio from './InputRadio.vue';

+ export default defineComponent({
+   name: 'InputRadioSample',
+   components: {
+     InputRadio,
+   },
+   setup() {
+     const radioValue1 = ref('1');
+     const radioValue2 = ref('2');
+     const radioValue3 = ref('3');
+     const radioValue4 = ref('4');

+     const selectedRadio = ref(radioValue1.value);

+     return {
+       radioValue1,
+       radioValue2,
+       radioValue3,
+       radioValue4,
+       selectedRadio,
+     };
+   },
+ });
+ </script>
```

SAMPLE CODE src/App.vue

```ts
<template>
  <div class="m-4">
    <ButtonSample />
    <DialogSample />
    <InputTextSample />
+   <InputRadioSample />
  </div>
</template>

<script lang="ts">
import { defineComponent } from 'vue';
import ButtonSample from './components/buttons/ButtonSample.vue';
import DialogSample from './components/dialog/DialogSample.vue';
import InputRadioSample from './components/forms/InputRadioSample.vue';
+ import InputTextSample from './components/forms/InputTextSample.vue';

export default defineComponent({
  name: 'App',
  components: {
    ButtonSample,
    DialogSample,
    InputTextSample,
+   InputRadioSample,
  },
});
</script>
```

05

UIコンポーネントライブラリで学ぶVue v3

Suspenseを用いて
コンテンツローダーコンポーネントを作る

最後はコンテンツを読み込んでいる最中に代わりの表示となるコンテンツローダーを作りましょう。コンテンツローダーはWeb標準の実装がないため、1からの作成になります。このコンポーネントでは少し複雑なアニメーションを扱うため、追加でライブラリを読み込みます。

```
npm install -D tailwindcss-pseudo-elements postcss-nested
```

tailwindcss-pseudo-elementsh はユーティリティクラスを擬似要素（ **::after** 、 **::before** など）で使うためのもの、**postcss-nested** はPostCSSの構文でもSass（https://sass-lang.com/）で用いられるようなネストされた構造を記述できるようにするものです。アニメーションの設定はユーティリティクラスのみで行うこともできますが、より厳密に指定するために一部 **style** ブロックへPostCSSとして記述することにします。

では、**postcss-nested** を設定ファイルに記述しましょう。

SAMPLE CODE postcss.config.js

```
module.exports = {
  plugins: {
    tailwindcss: {},
    autoprefixer: {},
+   'postcss-nested': {}
  },
}
```

擬似要素が使えるユーティリティクラスを **variants** プロパティで拡張します。

SAMPLE CODE tailwind.config.js

```
module.exports = {
  purge: [
    './index.html',
    './src/**/*.{vue,js,ts}',
  ],
  darkMode: false, // or 'media' or 'class'
  variants: {
-   extend: {
+   position: ['after'],
+   transform: ['after'],
+   translate: ['after'],
+   inset: ['after'],
+   backgroundImage: ['after'],
+   gradientColorStops: ['after']
-   }
  },
```

```
+ plugins: [require('tailwindcss-pseudo-elements')],
}
```

それでは下記のコンポーネントを作成してください。

SAMPLE CODE src/components/loader/CotentsLoader.vue

```
+ <template>
+   <div>
+     <template v-for="n in lines">
+       <div
+         v-if="isOneLine || n >= 1"
+         :key="`line-${n}`"
+         class="
+           relative
+           w-full
+           h-8
+           mb-2
+           overflow-hidden
+           bg-gray-100 bg-no-repeat
+           after:transform
+           first:my-2
+           rounded-5
+           after:absolute
+           after:inset-0
+           after:-translate-x-full
+           after:bg-gradient-to-r
+           after:from-gray-100
+           after:via-gray-200
+           after:to-gray-100
+           contents-loader
+         "
+       ></div>
+       <div
+         v-else
+         :key="`line-${n}`"
+         class="
+           relative
+           w--1/2
+           h-8
+           mb-2
+           overflow-hidden
+           bg-gray-100 bg-no-repeat
+           after:transform
+           first:my-2
+           rounded-5
+           after:absolute
+           after:inset-0
```

05
Ｕ
ー
コ
ン
ポ
ー
ネ
ン
ト
ラ
イ
ブ
ラ
リ
で
学
ぶ
Vue
v3

```
+            after:-translate-x-full
+            after:bg-gradient-to-r
+            after:from-gray-100
+            after:via-gray-200
+            after:to-gray-100
+            contents-loader
+          "
+       ></div>
+     </template>
+   </div>
+ </template>

+ <script lang="ts">
+ import { defineComponent } from 'vue';

+ export default defineComponent({
+   name: 'ContentsLoader',
+   props: {
+     line: {
+       type: Number,
+       default: 1,
+     },
+   },
+   setup(props) {
+     const lines = Array.from(new Array(props.line)).map((_,i) => i).reverse();
+     const isOneLine = lines.length === 1;
+     return {
+       lines,
+       isOneLine,
+     };
+   },
+ });
+ </script>

+ <style lang="postcss" scoped>
+ .contents-loader {
+   &::after {
+     animation: shimmer 2s infinite;
+     content: '';
+   }
+   @keyframes shimmer {
+     100% {
+       transform: translateX(100%);
+     }
+   }
+ }
+ </style>
```

　親から指定された数（もしくは1つ）だけローディング状態を示す線を表示するコンポーネント
です。 `after` 擬似要素を使えるようにしたため、ユーティリティクラスを用いてアニメーション
に使用するスタイルを指定できました。また、`style` ブロックでは `lang` に `postcss` を指定
するとPostCSSを記述できます（PostCSSをライブラリでインストールしているときのみ）。

　これを用いて、API通信が終了するまでコンテンツをローディング状態として表現できます。
いったん表示してみましょう。 `ContentsLoaderSample.vue` を作り、`App.vue` で読み
込みます。

SAMPLE CODE ContentsLoaderSample.vue

```
+ <template>
+   <div>
+     <p class="mb-2 text-2xl">ContentsLoader</p>
+     <ContentsLoader :line="2" />
+   </div>
+ </template>
+
+ <script lang="ts">
+ import { defineComponent } from 'vue';
+ import ContentsLoader from './ContentsLoader.vue';
+
+ export default defineComponent({
+   name: 'ContentsLoaderSample',
+   components: {
+     ContentsLoader,
+   },
+ });
+ </script>
```

SAMPLE CODE App.vue

```
  <template>
    <div class="m-4">
+     <ContentsLoaderSample />
      <ButtonSample />
      <DialogSample />
      <InputTextSample />
      <InputRadioSample />
    </div>
  </template>

  <script lang="ts">
  import { defineComponent } from 'vue';
  import ButtonSample from './components/buttons/ButtonSample.vue';
  import DialogSample from './components/dialog/DialogSample.vue';
  import InputRadioSample from './components/forms/InputRadioSample.vue';
  import InputTextSample from './components/forms/InputTextSample.vue';
```

```
+ import ContentsLoaderSample from './components/loader/ContentsLoaderSample.vue';

export default defineComponent({
  name: 'App',
  components: {
    ButtonSample,
    DialogSample,
    InputTextSample,
    InputRadioSample,
+   ContentsLoaderSample,
  },
});
</script>
```

　ローダーが表示されました。では、実際にAPIからコンテンツを取得するときに利用してみましょう。v3では **Suspense** という、非同期通信の待機状態によってコンポーネントを出し分ける組み込みコンポーネントが提供されています。

　Suspense を用いることで非同期通信によるコンテンツ表示時の考え事や負担が減り、非常にシンプルな設計を実現できます。次のような特定のslotを受け取る構文を用いて制御します。

```
<template>
  <Suspense>
    <template #default>
      <!-- 非同期コンテンツ -->
    </template>
    <template #fallback>
      <!-- 代替コンテンツ -->
    </template>
  </Suspense>
</template>
```

　fallback スロットには非同期コンテンツを取得するコンポーネントの **Promise** が解決されるまで代わりに表示するコンテンツを渡します。今回の場合は **ContentsLoader** になります。
　default スロットには非同期コンテンツを取得するコンポーネントを渡します。このコンポーネントは **async setup** プロパティを持ち、**setup** 内で **Promise** の結果が解決されることを期待されます。

◉非同期コンポーネントの例

```
<script>
export default {
  async setup() {
    // 非同期処理の解決をSuspenseが監視する
    const data = await somethingAsyncFetching()
  }
}
</script>
```

Suspense の **default** で制御できるコンポーネントはもう1つあります。 **defineAsync Component** を用いて作成したコンポーネントは、そのコンポーネントが必要になったタイミングでサーバーから取得されます。引数として動的 **import** でコンポーネントを読み込む関数を受け取ります。これを非同期コンポーネントと呼びます。

Suspense は非同期コンポーネントが **default** に渡された場合、その取得が完了するまで **fallback** コンテンツを表示します。非同期コンポーネントとして読み込むコンポーネントのプロパティで **suspensible: false** を指定するとその挙動をOFFにできます。

```
import { defineAsyncComponent } from 'vue'

const AsyncComp = defineAsyncComponent(() =>
  import('./components/AsyncComponent.vue')
)
```

```
<template>
  <Suspense>
    <template #default>
      <!-- サーバーからの取得が完了するまで代替コンテンツが表示される -->
      <AsyncComp />
    </template>
    <template #fallback>
      <!-- 代替コンテンツ -->
    </template>
  </Suspense>
</template>
```

defineAsyncComponent のその他の情報についてはドキュメントを参照してください。
● 非同期コンポーネント

URL https://v3.ja.vuejs.org/guide/migration/async-components.html

05

UIコンポーネントライブラリで学ぶVue v3

さて、ContentsLoaderはAPIからのデータ取得時に利用する想定なので、今回、`define AsyncComponent` は用いません。代わりに `setup` でAPI通信をするコンポーネントを作成しましょう。

API通信はWeb標準のものを利用してもよいですが、この例ではフロントエンドにおいて一定の支持を得ている代表的なデータfetchライブラリである**axios**を用いてみます。

```
npm install axios
```

SAMPLE CODE src/components/PostView.vue

```
+ <template>
+   <div v-for="post in data" :key="post.id">
+     <p class="py-2 border-b-4">{{ post.id }}:{{ post.title }}</p>
+   </div>
+ </template>

+ <script lang="ts">
+ import { defineComponent } from 'vue';
+ import axios from 'axios'

   // APIから返却されるデータの型
+ type Post = {
+   userId: number,
+       id: number,
+       title: string,
+       completed: boolean
+ }

+ export default defineComponent({
+   name: 'PostView',
+   async setup() {
+     const { data } = await axios.get<Post[]>('https://jsonplaceholder.typicode.com/posts')

+     return {
+       data
+     }
+   },
+ });
+ </script>
```

`async setup` を定義して、その中でデータの取得によって `Promise` が解決されるように記述しました。 `Suspense` はこのコンポーネントが `default` に渡されると `Promise` の解決まで `fallback` コンテンツを表示します。

　また、ContentsLoaderとは関係がありませんが、利便性のためにこのコンポーネントではレスポンスの型情報に少し手を加えてみました。axiosにはジェネリクスで返却されるデータの型を渡せます。今回利用するAPIは**JSONPlaceholder**という誰でも使えるフリーのテスト用公開APIです。

- JSONPlaceholder
  URL https://jsonplaceholder.typicode.com/

　JSONPlaceholderから返ってくる値の型を `Post` 型として定義し、axiosに渡すことで、`then` の引数に渡る `data` の型を推論できます。

　このまま読み込んで使ってみてもよいですが、APIからすぐにコンテンツが返ってきてしまうため代替コンテンツとして機能しているか確認することが少々面倒です。そこでAPI通信をキャプチャして任意のレスポンスに加工できる**msw**というライブラリを使って動作テストしてみましょう。

- msw
  URL https://mswjs.io/

　mswはMockServiceWorkerの略称で、ブラウザのServiceWorkerを利用することで任意のリクエストをモックする仕組みを提供しています。**ServiceWorker**はブラウザからのリクエストをプロキシできるブラウザ自体に備わっているAPIです。

- ServiceWorker
  URL https://developer.mozilla.org/ja/docs/Web/API/Service_Worker_API

　下記のコマンドを実行してインストールしてください。

```
npm install msw -D
```

　インストール後、下記のコマンドを続けて実行してください。 `public` ディレクトリ配下に動作に設定ファイルが自動生成されます。

```
npx msw init ./public --save
```

　それでは `src` 直下にmswの設定を記述するファイルを作成しましょう。

SAMPLE CODE src/mock.ts

```
+ import { setupWorker, rest } from 'msw'

+ export const worker = setupWorker(
+   rest.get('https://jsonplaceholder.typicode.com/posts/', (_, res, ctx) => {
+     return res(
+       ctx.delay(3000), // 3秒後にレスポンスを返す
+       ctx.status(202, 'Mocked status'),
```

05 UIコンポーネントライブラリで学ぶVue v3

```
+        ctx.json([
+          {
+            'userId': 1,
+            'id': 1,
+            'title': 'mock response',
+            'completed': false
+          },
+          {
+            'userId': 2,
+            'id': 2,
+            'title': 'mock response 2',
+            'completed': true
+          },
+          {
+            'userId': 3,
+            'id': 3,
+            'title': 'mock response 3',
+            'completed': false
+          },
+        ])
+      )
+    }),
+  )
```

　特定のエンドポイントへのリクエストに対してどのようなレスポンスを返却するのかを
`setupWorker` 関数の引数へ渡して登録します。今回はリクエストを受けてから3秒後にモッ
クデータを返却するようにしました。

　作成したworkerは `main.ts` で読み込みます。

SAMPLE CODE src/main.ts

```
import { createApp } from 'vue';
import App from './App.vue';
import './assets/tailwind.css';
+ import { worker } from './mock'

// 開発環境でのみ msw を動作させる
+ if (process.env.NODE_ENV === 'development') {
+   worker.start()
+ }

createApp(App).mount('#app');
```

　PostView内で発生するリクエストをモックしてContentsLoaderの動作を確認できます。
ContentsLoaderSampleで読み込んで確認しましょう。

SAMPLE CODE src/components/loader/ContentsLoaderSample.vue

```
<template>
  <div>
    <p class="mb-2 text-2xl">ContentsLoader</p>
    <ContentsLoader :line="2" />
  </div>
+ <div>
+   <p>fetch data</p>
+   <Suspense>
+     <template #default>
+       <PostView />
+     </template>
+     <template #fallback>
+       <ContentsLoader :line="3" />
+     </template>
+   </Suspense>
+ </div>
</template>

<script lang="ts">
import { defineComponent } from 'vue';
import ContentsLoader from './ContentsLoader.vue';
+ import PostView from '../PostView.vue';

export default defineComponent({
  name: 'ContentsLoaderSample',
  components: {
    ContentsLoader,
+   PostView,
  },
});
</script>
```

コンテンツが返却されるまでContentsLoaderが表示されるようになりました。

UIコンポーネントライブラリで学ぶVue v3

◉ コンテンツ取得中

◉ コンテンツ取得後

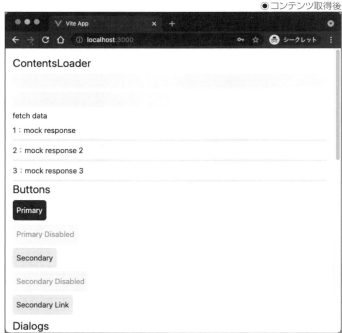

コンポーネントのユニットテスト

　これまで作成してきたコンポーネントですが、動作を補償するテストがまだありません。Vue.jsはコンポーネントをユニットテストするためのライブラリも公式で提供しています。また、一般的に用いられるテストスイートとの統合も簡単にできるため、これらを用いてコンポーネントに対するユニットテストを書いてみましょう。

▐▐ vue-test-utilsとjest

　まずはじめに必要なライブラリをインストールします。 `package.json` を次のように修正してください。

SAMPLE CODE package.json

```json
{
  "name": "ushironoko-ui-components",
  "version": "0.0.0",
  "scripts": {
    "dev": "vite",
    "tsc": "vue-tsc --noEmit",
    "build": "npm run tsc && vite build",
    "serve": "vite preview"
  },
  "dependencies": {
    "axios": "^0.21.1",
    "vue": "^3.0.5"
  },
  "devDependencies": {
    "@typescript-eslint/eslint-plugin": "^4.25.0",
    "@typescript-eslint/parser": "^4.25.0",
    "@vitejs/plugin-vue": "^1.2.2",
    "@vue/compiler-sfc": "^3.0.5",
    "autoprefixer": "^10.2.5",
    "eslint": "^7.27.0",
    "eslint-config-prettier": "^8.3.0",
    "eslint-plugin-vue": "^7.9.0",
    "msw": "^0.29.0",
    "postcss": "^8.3.0",
    "postcss-nested": "^5.0.5",
    "prettier": "^2.3.0",
    "tailwindcss": "^2.1.4",
    "tailwindcss-pseudo-elements": "^2.0.0",
    "typescript": "^4.1.3",
    "vite": "^2.3.4",
    "vue-tsc": "^0.1.6",
```

▼

```
+    "jest": "^26.0.0",
+    "ts-jest": "^26.0.0",
+    "babel-jest": "^26.0.0",
+    "@types/jest": "^26.0.0",
+    "vue-jest": "5.0.0-alpha.10",
+    "@vue/test-utils": "2.0.0-rc.6"
  },
  "msw": {
    "workerDirectory": "public"
  }
}
```

　本書執筆時点でテストが動作するバージョンは上記で指定した通りです。修正できたら、ターミナルからインストールを実行します。

```
npm install
```

　次にテスト用の設定ファイルを記述します。今回用いるテストスイートは**jest**というFacebook製のライブラリです。jestは `jest.config.js` というファイルにどの拡張子をどのライブラリで処理するのかを記述できます。合わせてインストールした**babel-jest**や**vue-jest**は、jestがそのままでは読み込めない形式のファイルを変換してjest本体へ渡してくれます。

SAMPLE CODE jest.confing.js

```
+ module.exports = {
+   preset: 'ts-jest',
+   testEnvironment: 'jsdom',
+   transform: {
+     '^.+\\.vue$': 'vue-jest',
+     '^.+\\.js$': 'babel-jest',
+   },
+   moduleFileExtensions: ['vue', 'js', 'ts'],
+ }
```

　`preset` はjestの基礎となる設定を指定します。**ts-jest**は自身がjestの設定を持っており、`preset` に指定することで設定を引き継ぐことができます。ts-jestでは `.ts` などの拡張子を持つテストファイルを変換して実行するようになっています。

　`testEnvironment` はコンポーネントをテスト中にマウントしたり、処理の中にブラウザへの依存がある場合（例：`window` や `document` への参照など）に `jsdom` を指定します。デフォルトは `node` になっています。

　`transform` には正規表現で指定した拡張子のファイルをテストで読み込む際に、特定のプリプロセッサへ渡して変換をかけるための記述です。テストファイルにSFCファイルをインポートするため、vue-jestへ渡してから実行するようにします。

　`moduleFileExtensions` はjestが処理する対象ファイルの拡張子を列挙します。

▌BaseButtonのユニットテスト

設定ができたのでさっそくテストを書いてみましょう。`src/components/buttons` に `BaseButton.spec.ts` を作成します。

SAMPLE CODE src/components/buttons/BaseButton.spec.ts

```
+ import { mount } from '@vue/test-utils'
+ import BaseButton from './BaseButton.vue'

+ describe('BaseButton', () => {
+
+   test('Whether the contents of the slot will be rendered.', () => {
+     const wrapper = mount(BaseButton, {
+       slots: {
+         default: 'ボタン'
+       }
+     })

+     expect(wrapper.html()).toContain('ボタン')
+   })

+   test('The click event will be emited.', () => {
+     const wrapper = mount(BaseButton, {
+       slots: {
+         default: 'ボタン'
+       }
+     })

+     wrapper.find('button').trigger('click')

+     expect(wrapper.emitted().click).toBeTruthy()
+   })
+ })
```

　順に解説していきます。1行目では **@vue/test-utils** から **mount** という関数をインポートしています。 **mount** はコンポーネントとコンポーネントオプションを受け取って、擬似的にマウントするための関数です。 **mount** から返却される値はテスト用のオブジェクトでラップされています。このオブジェクトはテストを行うためのさまざまなAPIがまとまっており、jestのアサーション時に利用できます。

　続けて **describe** と **test** ですが、これらはjestの提供するハンドラーです。 **describe** は第1引数にテストの概要、第2引数にテスト自体をコールバックで受け取ります。**describe** はテストのブロックを宣言することと同じです。1つの関心事につき1つ定義するとよいでしょう。今回の場合はBaseButtonのテストという関心事で1つのまとまりとしました。

```
describe('テストの関心事や概要を記述する', () => {
  // describeやtestを記述する
})
```

　describe は内部にネストして **describe** を定義できます。第1引数に渡した文字列はテスト実行時にログとして出力されるため、より関心事を分割できる場合は細かく定義していくこともできます（例： **props** の値や条件分岐ごとに◯◯のとき、のように **describe** を定義する）。

```
describe('XXX Test', () => {
  describe('値がXXXのとき', () => {
    // テストケース
  })
  describe('値がYYYのとき', () => {
    // テストケース
  })
})
```

　test はテストケース自体を定義するハンドラーです。第1引数にはテストケースの詳細を、第2引数にはテスト自体のコールバックを渡します。 **test** の場合も第1引数に渡した文字列が実行時にログ出力されます。

```
describe('テストの関心事や概要を記述する', () => {
  test('テストケースを記述する', () => {
    // テストを書く
  })
})
```

　test ハンドラーの中では **expect** という関数が使用できます。 **expect** は引数にテスト対象を受け取ります。また、**expect** は返り値としてマッチャーを返します。マッチャーは渡されたテスト対象が期待する値を返しているかどうかを検証します。

　最初のテストを詳しく見ていきましょう。テストケースは渡したスロットコンテンツがレンダリングされるかというものです。 **mount** の第1引数にテスト対象であるBaseButtonを渡しています。第2引数にはVueのオプションを渡すことができ、**slots** はオブジェクトの形式でスロットコンテンツに何を渡すか指定できます。

SAMPLE CODE

```
test('Whether the contents of the slot will be rendered.', () => {
  const wrapper = mount(BaseButton, {
    slots: {
      default: 'ボタン' // デフォルトスロットに'ボタン'を渡してマウントする
    }
  })

  // レンダリングされた結果に'ボタン'という文字列が存在するかどうか
  expect(wrapper.html()).toContain('ボタン')
})
```

expect の引数として生成したテストラッパーの持つ html というメソッドから返されるコンテンツを渡しています。 html ラッパーメソッドはマウント後のレンダリング結果を文字列として返します。

続けて expect から返されるマッチャーの1つである toContain メソッドを実行しています。 toContain は expect が受け取ったテスト対象の中に、引数で受け取った文字列が存在するかどうかを検証します。

スロットとして渡した **ボタン** という文字列がレンダリング結果に含まれていたら、このテストの結果は **true** となります。

続けてもう一方のテストを見ていきましょう。このテストはクリックされたときに特定のイベントがemitされるかどうかを検証するものです。

```
test('The click event will be emited.', () => {
  const wrapper = mount(BaseButton, {
    slots: {
      default: 'ボタン'
    }
  })

  wrapper.find('button').trigger('click')

  expect(wrapper.emitted().click).toBeTruthy()
})
```

find ラッパーメソッドを用いています。これはマウント後のコンテンツ内を引数で受け取ったセレクタで検索してその要素を返すメソッドです。 find はそのままテストラッパーを返却するので、続けて次のラッパーメソッドを記述できます。

trigger ラッパーメソッドはマウント対象が持つイベントを発火させます。引数で click を指定したため、ボタン要素のclickイベントが発火します。

最後に expect の内容ですが、 emitted というラッパーメソッドを用いています。テストラッパーは内部で動作したemitイベントを記録しており、 emitted は記録されたイベントをオブジェクトにまとめて返します。

clickイベントが発火されたかどうかを `toBeTruthy` マッチャーで検証しています。 `toBeTruthy` マッチャーは対象が `Truthy` かどうかを判定します。このテストの場合、 button要素のクリックイベントによって `click` というemitイベントが発火していれば `true` となります。

それでは実際にテストを実行しましょう。 `package.json` にテスト実行用のスクリプトを追加します。ビルド時にユニットテストを走らせる手法も効果的なので、ついでにビルドスクリプトにも追記します。

SAMPLE CODE package.json

```
{
  "name": "ushironoko-ui-components",
  "version": "0.0.0",
  "scripts": {
    "dev": "vite",
    "tsc": "vue-tsc --noEmit",
-   "build": "npm run tsc && vite build",
+   "build": "npm run tsc && npm run test && vite build",
    "serve": "vite preview",
+   "test": "jest"
  },
  "dependencies": {
    "axios": "^0.21.1",
    "vue": "^3.0.5"
  },
  "devDependencies": {
    "@typescript-eslint/eslint-plugin": "^4.25.0",
    "@typescript-eslint/parser": "^4.25.0",
    "@vitejs/plugin-vue": "^1.2.2",
    "@vue/compiler-sfc": "^3.0.5",
    "autoprefixer": "^10.2.5",
    "eslint": "^7.27.0",
    "eslint-config-prettier": "^8.3.0",
    "eslint-plugin-vue": "^7.9.0",
    "msw": "^0.29.0",
    "postcss": "^8.3.0",
    "postcss-nested": "^5.0.5",
    "prettier": "^2.3.0",
    "tailwindcss": "^2.1.4",
    "tailwindcss-pseudo-elements": "^2.0.0",
    "typescript": "^4.1.3",
    "vite": "^2.3.4",
    "vue-tsc": "^0.1.6",
    "jest": "^26.0.0",
    "ts-jest": "^26.0.0",
    "babel-jest": "^26.0.0",
    "@types/jest": "^26.0.0",
```

▼

```
    "vue-jest": "5.0.0-alpha.10",
    "@vue/test-utils": "2.0.0-rc.6"
  },
  "msw": {
    "workerDirectory": "public"
  }
}
```

jestはデフォルトでファイル名に **spec** か **test** を含むファイルをテスト対象にします。実行してみましょう。

```
npm run test
```

実行結果は次のようになりました。

```
❯ npm run test                                                          ✘ 1 master ✱ ■

> ushironoko-ui-components@0.1.11 test /Users/ushironoko/work/dev/ushironoko-ui-components
> jest

 PASS  src/components/buttons/BaseButton.spec.ts
  BaseButton
    ✓ Whether the contents of the slot will be rendered. (20 ms)
    ✓ The click event will be emited. (9 ms)

Test Suites: 1 passed, 1 total
Tests:       2 passed, 2 total
Snapshots:   0 total
Time:        3.114 s
Ran all test suites.
```

||| data-test属性を用いたContentsLoaderのテスト

テストを行うときに **find** の対象を特定しにくい場面があります。 **ContentsLoader. vue** が正しくローディングラインを表示するかのテストを書いてみましょう。

SAMPLE CODE src/components/loader/ContentsLoader.spec.ts

```
+ import { mount } from '@vue/test-utils'
+ import ContentsLoader from './ContentsLoader.vue'
+
+ describe('ContentsLoader', () => {
+
+   test('One loader will be displayed.', () => {
+     const wrapper = mount(ContentsLoader)
```

```
+       expect(wrapper.findAll('.contents-loader').length).toBe(1)
+     })
+ })
```

ローダーが表示されるかどうかのテストです。続けて複数表示の場合をテストしましょう。ContentsLoaderは最後の要素のみ長さが半分のローダーを表示するという機能もありました。この場合、どうやってテストするのがよいでしょうか?

テスト対象の要素が特定しにくい場合、専用のマーカーを記述することで解決します。テストのみに利用する **data-test** 属性を ContentsLoader.vue に追記してみましょう。

SAMPLE CODE src/components/loader/ContentsLoader.vue

```
<template>
  <div>
    <template v-for="n in lines">
      <div
        v-if="isOneLine || n >= 1"
        :key="`line-${n}`"
+       data-test="long-loader"
        class="relative w-full h-8 mb-2 overflow-hidden bg-gray-100 bg-no-repeat
              after:transform first:my-2 rounded-5 after:absolute after:inset-0
              after:-translate-x-full after:bg-gradient-to-r after:from-gray-100
              after:via-gray-200 after:to-gray-100 contents-loader"
      ></div>
      <div
        v-else
        :key="`line-${n}`"
+       data-test="half-loader"
        class="relative w--1/2 h-8 mb-2 overflow-hidden bg-gray-100 bg-no-repeat
              after:transform first:my-2 rounded-5 after:absolute after:inset-0
              after:-translate-x-full after:bg-gradient-to-r after:from-gray-100
              after:via-gray-200 after:to-gray-100 contents-loader"
      ></div>
    </template>
  </div>
</template>

<script lang="ts">
import { defineComponent } from 'vue';

export default defineComponent({
  name: 'ContentsLoader',
  props: {
    line: {
      type: Number,
      default: 1,
    },
```

```
    },
    setup(props) {
      const lines = Array.from(new Array(props.line)).map((_,i) => i).reverse()
      const isOneLine = lines.length === 1;

      return {
        lines,
        isOneLine,
      };
    },
  });
</script>

<style lang="postcss" scoped>
.contents-loader {
  &::after {
    animation: shimmer 2s infinite;
    content: '';
  }
  @keyframes shimmer {
    100% {
      transform: translateX(100%);
    }
  }
}
</style>
```

追記した **data-test** 属性を用いて、長さが半分のローダーが表示されているかのテスト
ができます。 **props** で **line** を **2** とした場合のテストを追記してみましょう。

SAMPLE CODE src/components/loader/ContentsLoader.spec.ts

```
import { mount } from '@vue/test-utils'
import ContentsLoader from './ContentsLoader.vue'

describe('ContentsLoader', () => {

+ const wrapperFactory = (props: { line: number }) => {
+   return mount(ContentsLoader, {
+     props
+   })
+ }

  test('One loader will be displayed.', () => {
    const wrapper = mount(ContentsLoader)

    expect(wrapper.findAll('.contents-loader').length).toBe(1)
  })
```

```
+ test('One loader and one half loader will be displayed.', () => {
+    const wrapper = wrapperFactory({ line: 2 })
+
+    expect(wrapper.findAll('[data-test="long-loader"]').length).toBe(1)
+    expect(wrapper.findAll('[data-test="half-loader"]').length).toBe(1)
+ })
})
```

それぞれが1つずつ表示されています。最後に長さが半分のローダーは常に1つになるかどうかのテストを追加します。最初に記述したテストも **data-test** 属性を使うように修正しましょう。

SAMPLE CODE src/components/loader/ContentsLoader.spec.ts

```
import { mount } from '@vue/test-utils'
import ContentsLoader from './ContentsLoader.vue'

describe('ContentsLoader', () => {

  const wrapperFactory = (props: { line: number }) => {
    return mount(ContentsLoader, {
      props
    })
  }

  test('One loader will be displayed.', () => {
    const wrapper = mount(ContentsLoader)

-   expect(wrapper.findAll('.contents-loader').length).toBe(1)
+   expect(wrapper.findAll('[data-test="long-loader"]').length).toBe(1)
+   expect(wrapper.findAll('[data-test="helf-loader"]').length).toBe(0)
  })

  test('One loader and one half loader will be displayed.', () => {
    const wrapper = wrapperFactory({ line: 2 })

    expect(wrapper.findAll('[data-test="long-loader"]').length).toBe(1)
    expect(wrapper.findAll('[data-test="half-loader"]').length).toBe(1)
  })

+ test('There is always one half-loader displayed.', () => {
+   let wrapper = wrapperFactory({ line: 5 })
+   expect(wrapper.findAll('[data-test="long-loader"]').length).toBe(4)
+   expect(wrapper.findAll('[data-test="half-loader"]').length).toBe(1)

+   wrapper = wrapperFactory({ line: 3 })
+   expect(wrapper.findAll('[data-test="long-loader"]').length).toBe(2)
+   expect(wrapper.findAll('[data-test="half-loader"]').length).toBe(1)
```

```
+ })
})
```

テストの実行結果は次のようになりました。

```
❯ node '/Users/ushironoko/work/dev/ushironoko-ui-components/node_modules/.bin/jest'
'/Users/ushironoko/work/dev/ushironoko-ui-components/src/components/loader/
ContentsLoader.spec.ts' -t 'ContentsLoader'
 PASS  src/components/loader/ContentsLoader.spec.ts
  ContentsLoader
    ✓ One loader will be displayed. (18 ms)
    ✓ One loader and one half loader will be displayed. (3 ms)
    ✓ There is always one half-loader displayed. (7 ms)

Test Suites: 1 passed, 1 total
Tests:       3 passed, 3 total
Snapshots:   0 total
Time:        1.083 s, estimated 4 s
```

COLUMN　　**VS Codeからテストを実行する**

VS Codeにはjestをその場で実行できる拡張機能があります。

URL https://marketplace.visualstudio.com/
　　　　　　　items?itemName=firsttris.vscode-jest-runner

　インストールすると、**describe** や **test** ハンドラーの上にテスト実行用のボタンが表示されるようになります。クリックすることで特定のテストのみを走らせるといったことが可能になります。

　また、jest自体の補完などをサポートする拡張機能もあるため、合わせてインストールしておきましょう。

URL https://marketplace.visualstudio.com/
　　　　　　　items?itemName=Orta.vscode-jest

◉「Run」をクリックすると対象のテストが実行される

```
Run | Debug
test('One loader will be displayed.', () => {
```

05

UーコンポーネントライブラリでVue v3

159

■ SECTION-023 ■ コンポーネントのユニットテスト

COLUMN	mount/shallowMountとスタブ

　@vue/test-utils には mount と shallowMount という2つのマウント関数が用意されています。 shallowMount を利用した場合、渡したコンポーネントが子に持つ別のコンポーネントはすべてスタブコンポーネント（空のdiv要素）へ置き換えられます。

　もしもテストしたいコンポーネントが別のUIライブラリなどを利用していたり、Teleportや Suspenseのような組み込みコンポーネントを含む場合、テストをする際、mount 関数ではうまくレンダリングできない可能性があるため、shallowMount でスタブ化してテストしましょう。

```
const App = {
  template: `<div><OtherUILibraryComponent></OtherUILibraryComponent></div>`
}

const wrapper = mount(App) // OtherUILibraryComponentを
                           // うまくマウントできない可能性がある
const shallowWrapper = shallowMount(App) // OtherUILibraryComponentをスタブ化して
                                         // マウントする
```

　また、マウントする際のオプションとして明示的にスタブ化する対象を指定できます。mount 、shallowMount の第2引数にオプションオブジェクトを渡してマウント時の設定を調整します。

```
const App = {
  template: `<div><OtherUILibraryComponent></OtherUILibraryComponent></div>`
}

const wrapper = mount(App, {
  global: {
    stubs: ['OtherUILibraryComponent'] // OtherUILibraryComponentをスタブ化して
                                       // マウントされる
  }
})
```

　その他のオプションについては公式のドキュメントを参照ください。

● mount

　URL　https://next.vue-test-utils.vuejs.org/api/#mount

01
02
03
04
05
A
UIコンポーネントライブラリで学ぶVue v3

Composition APIのみをテストする

v3からはComposition APIを利用できるようになったため、複数のコンポーネント間で共有したいロジックを外部ファイルへ切り出せるようになりました。たとえば、各種イベントハンドラーは内部で特定のキーをemitしたりフラグの切り替えを行いますが、これらは1つのファイルへまとめることもできます。ロジックを切り出したファイルはどのコンポーネントにも属さないため、既存の手法ではテストをしにくいときがあります。このセクションではComposition APIのみのテストを行う方法を紹介します。

試しにフォーカス時にフラグ切り替えとイベントのemitを行うロジックをまとめた関数を作ってみます。

SAMPLE CODE src/composables/eventHandler.ts

```
+ import { ref, getCurrentInstance } from 'vue';

+ export const useFocus = (
+ focus: {
+   eventName: string;
+ },
+ blur: {
+   eventName: string;
+ }
) => {
+   const emit = getCurrentInstance()?.emit;
+   const isFocus = ref(false);

+   const handleFocus = (value?: unknown) => {
+     if (!emit) return;
+     isFocus.value = true;

+     emit(focus.eventName, focus.value);
+   };

+   const handleBlur = (value?: unknown) => {
+     if (!emit) return;
+     isFocus.value = false;

+     emit(blur.eventName, blur.value);
+   };

+   return {
+     isFocus,
+     handleFocus,
+     handleBlur,
+   };
+ };
```

フォーカス/ブラーによるイベントのハンドリングを1つのファイルへ切り出しました。リアクティブな値の操作に対する関心事をまとめた関数のことを「合成関数」と呼び、合成関数は接頭辞として **use** を付与することが一般的です。また、合成関数は慣習的に **composables** というディレクトリへ配置します。

getCurrentInstance は **setup** 内で呼び出すことのできる関数です。呼び出された **setup** を持つVueインスタンスを取得します。**getCurrentInstance** で自身のインスタンスを取り出し、インスタンスメソッドである **emit** を利用しています。注意点として **getCurrentInstance** はライブラリ開発者向けのAPIとして公開されており、一般的なアプリケーションでの使用は非推奨となっています。コンテキスト内の関数などを合成関数側で使いたい場合は引数として受け取るという方法もあります。

この **useFocus** 合成関数はコンポーネントの **setup** プロパティにて呼び出すことでフォーカス状態のフラグとハンドラーを返します。**useFocus** を用いてInputTextとInputRadioをリファクタしてみましょう。

SAMPLE CODE src/components/forms/InputText.vue

```
<template>
  <div
    class="relative inline-block w-full overflow-hidden border-2 border-gray-300 border-solid
           rounded-md text-gray-80 h-14 focus:"
    :class="`${focusedClass} ${errorClass} ${disabledLabelClass}`"
  >
    <label class="relative flex items-center h-full px-2 cursor-text">
      <span class="absolute text-gray-400 select-none" :class="`${smallLabelClass}`">
        {{ label }}
      </span>
      <input
        class="w-full mt-3 placeholder-gray-400 focus:outline-none"
        :class="{ 'opacity-100': isFocus || value }"
        :type="type"
        :value="value"
        :placeholder="isFocus ? placeholder : ''"
        :disabled="disabled"
        v-bind="$attrs"
        v-on="listeners"
      />
    </label>
  </div>
</template>

<script lang="ts">
- import { defineComponent, computed, PropType, ref } from 'vue';
+ import { defineComponent, computed, PropType } from 'vue';
+ import { useFocus } from '../../composables/eventHandler';
```

▼

```
export default defineComponent({
  name: 'InputText',
  props: {
    value: {
      type: String,
      default: '',
    },
    label: {
      type: String,
      required: true,
    },
    placeholder: {
      type: String,
      default: '',
    },
    type: {
      type: String as PropType<'text' | 'number' | 'password' | 'email' | 'tel' | 'date'>,
      default: 'text',
    },
    disabled: {
      type: Boolean,
      default: false,
    },
    isError: {
      type: Boolean,
      default: false,
    },
  },
  emits: {
    input: (targetValue: string) => true,
    change: (targetValue: string) => true,
    focus: (event: Event) => true,
    blur: (event: Event) => true,
    'update:value': (modelValue: string) => true,
  },
  setup(props, { emit }) {
-   const isFocus = ref(false);
+   const {
+     isFocus,
+     handleFocus,
+     handleBlur
+   } = useFocus({ eventName: 'focus' }, { eventName: 'blur' });

    const handleInput = ({ target }: { target: HTMLInputElement }) => {
      emit('input', target.value);
      emit('update:value', target.value);
    };
```

縦書き: 05 UIコンポーネントライブラリで学ぶVue v3

```
const handleChange = ({ target }: { target: HTMLInputElement }) => {
  emit('change', target.value);
  emit('update:value', target.value);
};

const handleFocus = (event: Event) => {
  isFocus.value = true;
  emit('focus', event);
};

const handleBlur = (event: Event) => {
  isFocus.value = false;
  emit('blur', event);
};

const smallLabelClass = computed(() =>
  isFocus.value || props.value || props.type === 'date'
    ? 'transition origin-top-left transform scale-75 -translate-y-3 '
    : ''
);

const errorClass = computed(() => (props.isError ? 'border-red-500' : ''));

const disabledLabelClass = computed(() =>
  props.disabled && !props.value ? 'bg-gray-200' : ''
);

const focusedClass = computed(() =>
  isFocus.value ? 'border-blue-700 ring-blue-100 transition duration-100' : ''
);

const listeners = computed(() => ({
  input: handleInput,
  change: handleChange,
  focus: handleFocus,
  blur: handleBlur,
}));

return {
  listeners,
  isFocus,
  smallLabelClass,
  errorClass,
  disabledLabelClass,
  focusedClass,
};
```

```
  },
});
</script>
```

SAMPLE CODE src/components/forms/InputRadio.vue

```
<template>
  <label
    class="inline-flex items-center h-6 align-middle cursor-pointer"
    :class="{ 'cursor-not-allowed': disabled }"
    @change="handleChange"
  >
    <input
      v-bind="$attrs"
      :value="value"
      class="absolute w-0 h-0 outline-none opacity-0"
      type="radio"
      :checked="isChecked"
      @focus="handleFocus"
      @blur="handleBlur"
    />
    <div
      class="flex items-center justify-center w-6 h-6 border-2 border-gray-200 border-solid
             rounded-full "
      :class="`${checkedRingClass} ${focusedClass}`"
    >
      <span v-if="isChecked" class="w-3 h-3 rounded-full" :class="`${checkedCircleClass}`" />
    </div>
    <div class="pl-1">
      <slot />
    </div>
  </label>
</template>

<script lang="ts">
- import { computed, defineComponent, PropType, ref } from 'vue';
+ import { computed, defineComponent, PropType} from 'vue';
+ import { useFocus } from '../../composables/eventHandler';


export default defineComponent({
  name: 'InputRadio',
  inheritAttrs: false,
  props: {
    value: {
      type: [String, Number, Array] as PropType<string | number | string[] | undefined>,
      required: true,
```

```
    },
    checked: {
      type: [String, Number, Array] as PropType<string | number | string[] | undefined>,
      default: '',
    },
    disabled: {
      type: Boolean,
      default: false,
    },
    isError: {
      type: Boolean,
      default: false,
    },
  },
  emits: {
    'update:checked': (selectedValue: string | number | string[] | undefined) => true,
    focus: (event: Event) => true,
    blur: (event: Event) => true,
  },
  setup(props, { emit }) {
+   const {
+     isFocus,
+     handleFocus,
+     handleBlur
+   } = useFocus({ eventName: 'focus' }, { eventName: 'blur' });

    const handleChange = () => {
      if (props.disabled) return;

      emit('update:checked', props.value);
    };

-   const handleFocus = (event: Event) => {
-     isFocus.value = true;
-     emit('focus', event);
-   };
-   const handleBlur = (event: Event) => {
-     isFocus.value = false;
-     emit('blur', event);
-   };

    const isChecked = computed(() => props.value === props.checked);

    const checkedRingClass = computed(() => {
      if (props.disabled) {
        return 'brder-gray-200 bg-gray-200 shadow-none';
      }
```

```
      if (isChecked.value && !props.isError) {
        return 'border-blue-700';
      }

      if (isChecked.value && props.isError) {
        return 'border-red-600';
      }

      return '';
    });

    const checkedCircleClass = computed(() => {
      if (props.disabled) {
        return 'bg-gray-200';
      }

      if (isChecked.value && !props.isError) {
        return 'bg-blue-700';
      }

      if (isChecked.value && props.isError) {
        return 'bg-red-600';
      }

      return '';
    });

    const focusedClass = computed(() => (isFocus.value ? 'ring-2' : ''));

    return {
      handleChange,
      handleFocus,
      handleBlur,
      isChecked,
      checkedRingClass,
      checkedCircleClass,
      focusedClass,
    };
  },
});
</script>
```

InputTextとInputRadioのフォーカス/ブラーを統一された挙動にリファクタできました。コンポーネント分割と同様に、関心事が同じで複数コンポーネントにて処理を合わせたい時は合成関数へ切り出すことができます。

05 UIコンポーネントライブラリで学ぶVue v3

さて、切り出した合成関数に対してユニットテストを行いたいですが、今までのやり方では抽象化したロジックのテストをInputTextかInputRadioを用いて行わなければなりません。

合成関数は利用されるコンポーネントによって、その機能が網羅されているとは限りません。たとえば、今回、InputRadioではエクスポートされた **handleBlur** を用いないようになっていた場合、そのテストケースの確認ができません。

そこで、合成関数のみをテストするためのユーティリティ関数を定義します。この関数では空のdiv要素にVueインスタンスをマウントし、**setup** から返却される値をユーティリティ関数の戻り値とします。

SAMPLE CODE src/composables/test/testUtils.ts

```
+ import { ComponentPublicInstance } from 'vue';

+ import {
+   mount,
+   shallowMount,
+   VueWrapper,
+   MountingOptions,
+ } from '@vue/test-utils';

+ type ExtendWrapper<T = Record<string, unknown>> = VueWrapper<
+   ComponentPublicInstance & { [key: string]: unknown } & T
+ >;

+ export const useRenderComposition = <
+   T extends Record<string, unknown>,
+   P extends Record<'props', unknown>,
+ >(
+   compositionCb: (props: P) => T,
+   options: MountingOptions<P> = {},
+   shallow = false
+ ) => {
+   const component = {
+     setup(props: { [key: string]: unknown }): { composition: T } {
+       return {
+         composition: compositionFn(props as P),
+       };
+     },
+     template: '<div />',
+   };

+   const wrapper = (shallow
+     ? shallowMount(component, options)
+     : mount(component, options)) as ExtendWrapper<{
+       composition: T;
+     }>;
```

```
+    return {
+      wrapper,
+      composition: wrapper.vm.composition,
+    };
+ };
```

　useRenderComposition は引数として合成関数を受け取り、内部で空のdivを持つダ
ミーコンポーネントで実行してその結果を返す関数です。テスト対象の合成関数が props に
依存している場合でも、compositionCb コールバック関数の引数として受け取れるようにし
てあります。

　また、mount や shallowMount の第2引数へ渡すオプションオブジェクトもそのまま渡す
形にしています。 useRenderComposition の第3引数はどちらのマウント関数を利用す
るかを boolean で切り替えるものです。何も渡さない場合、mount が利用されます。

　その他、Vue本体などからインポートしている型は返却するオブジェクトを正しく推論するた
めに必要なものです。型情報を極力省いた状態のコードは次のようになります。

```
import {
  mount,
  shallowMount,
} from '@vue/test-utils';

export const useRenderComposition = (
  compositionCb,
  options,
  shallow = false
) => {
  const component = {
    setup(props) {
      return {
        composition: compositionFn(props),
      };
    },
    template: '<div />',
  };

  const wrapper = (shallow
    ? shallowMount(component, options)
    : mount(component, options))

  return {
    wrapper,
    composition: wrapper.vm.composition,
  };
};
```

実際にテストで利用してみましょう。

```ts
import { useFocus } from './eventHandler';
import { useRenderComposition } from './testUils';

describe('useFocus', () => {
  // 検証対象の値を先に定義しておき、beforeEachでテストごとに初期化する
  // ReturnTypeは関数の戻り値の型を取り出せるTypeScriptの組み込み型
  let isFocus: ReturnType<typeof useFocus>['isFocus'];
  let handleFocus: ReturnType<typeof useFocus>['handleFocus'];
  let handleBlur: ReturnType<typeof useFocus>['handleBlur'];
  let vm: ReturnType<typeof useRenderComposition>['wrapper']

  const FOCUS_EVENT_NAME = 'test-focus'
  const BLUR_EVENT_NAME = 'test-blur'

  beforeEach(() => {
    // 合成関数を実行して結果とマウントしたラッパーインスタンスを取り出す
    const { composition, wrapper } = useRenderComposition(() =>
      useFocus({ eventName: FOCUS_EVENT_NAME }, { eventName: BLUR_EVENT_NAME })
    );

    isFocus = composition.isFocus;
    handleFocus = composition.handleFocus;
    handleBlur = composition.handleBlur;
    vm = wrapper
  });

  test('Initial value of focus is false.', () => {
    expect(isFocus.value).toBe(false);
  });

  describe('handleFocus', () => {
    test('When handleFocus is fired, isFocus becomes true.', () => {
      handleFocus();

      expect(isFocus.value).toBe(true);
    });

    test('The eventName will be emitted.', () => {
      handleFocus();

      expect(vm.emitted(FOCUS_EVENT_NAME)).toBeTruthy();
    });

    test('The value will be emitted.', () => {
```

▼

```
      handleFocus(10);

      expect(vm.emitted(FOCUS_EVENT_NAME)?.[0]).toEqual([10]);
    });
  });

  describe('handleBlur', () => {
    test('When handleBlur is fired, isFocus becomes false.', () => {
      handleBlur();

      expect(isFocus.value).toBe(false);
    });

    test('The eventName will be emitted.', () => {
      handleBlur();

      expect(vm.emitted(BLUR_EVENT_NAME)).toBeTruthy();
    });

    test('The value will be emitted.', () => {
      handleBlur(10);

      expect(vm.emitted(BLUR_EVENT_NAME)?.[0]).toEqual([10]);
    });
  });
});
```

　beforeEach は各 **test** が実行されるたび、実行直前に毎回呼び出されるコールバック関数を定義できます。テストごとに **useRenderComposition** を実行することで、**isFocus** フラグの管理をテスト内でする手間を省いています。

　useRenderComposition は引数で受け取った合成関数の結果と、その合成関数が実行されたコンポーネントのラッパーインスタンスを返します。テスト内でそれぞれ参照してフラグが正しく切り替わっているか、イベントが正しくemitされているかどうかを検証しました。

　テスト結果は次のようになりました。

05 U―コンポーネントライブラリで学ぶVue v3

```
❯ node '/Users/ushironoko/work/dev/ushironoko-ui-components/node_modules/.bin/jest'
'/Users/ushironoko/work/dev/ushironoko-ui-components/src/composables/eventHandler.spec.
ts' -t 'useFocus'
 PASS  src/composables/eventHandler.spec.ts
  useFocus
    ✓ Initial value of focus is false. (14 ms)
    handleFocus
      ✓ When handleFocus is fired, isFocus becomes true. (2 ms)
      ✓ The eventName will be emitted. (1 ms)
      ✓ The value will be emitted. (2 ms)
    handleBlur
      ✓ When handleBlur is fired, isFocus becomes false. (1 ms)
      ✓ The eventName will be emitted. (1 ms)
      ✓ The value will be emitted. (1 ms)

Test Suites: 1 passed, 1 total
Tests:       7 passed, 7 total
Snapshots:   0 total
Time:        2.911 s, estimated 3 s
Ran all test suites matching /\/Users\/ushironoko\/work\/dev\/ushironoko-ui-components\/
src\/composables\/eventHandler.spec.ts/i with tests matching "useFocus".
```

ライブラリモードでビルドする

　これまで作ってきたUIライブラリを別のプロジェクトで利用できるようにビルドしてみましょう。現在はviteが **index.html** で読み込むためのバンドルを生成しています。次のコマンドを実行すると **dist** フォルダにアセットが生成されているのがわかります。

```
npm run dev
```

SAMPLE CODE dist/index.html

```html
<!DOCTYPE html>
<html lang="en">
  <head>
    <meta charset="UTF-8" />
    <link rel="icon" href="/favicon.ico" />
    <meta name="viewport" content="width=device-width, initial-scale=1.0" />
    <title>Vite App</title>
    <script type="module" crossorigin src="/assets/index.8e5c614e.js"></script>
    <link rel="modulepreload" href="/assets/vendor.34233b2b.js">
    <link rel="stylesheet" href="/assets/index.aa334436.css">
  </head>
  <body>
    <div id="app"></div>

  </body>
</html>
```

● 1つのアプリケーションとしてビルドされていることがわかる

　assets/index.ハッシュ番号.js の形式で出力されたファイルには、**main.ts** を起点として各JavaScriptファイルやコンポーネントなどの依存関係を解決して1つにまとめたコードが記述されています。

　CSSファイルも同様に、各コンポーネントの **style** ブロックに記述されたスタイルやTailwind CSSユーティリティクラスのうち使用されたクラスのみが抽出され、1つのファイルにマージされています。

viteはrollupというモジュールバンドラーを内部的に用いることで、プロダクション環境向けにビルドする際モジュールの依存関係をまとめあげ、バンドルされたファイルを出力できます。

- rollup.js

  URL https://rollupjs.org/guide/en/

ライブラリモード向けのエントリーポイントを作る

一方で `dist` 、 `assets` へ出力されたコードには `App.vue` や `ButtonSample.vue` など、別プロジェクトでは使用しないコンポーネントまで含まれています。そこで、プレビュー用のコンポーネントを除外した外部公開用のライブラリとしてバンドルを生成してみましょう。

`src` の直下に `index.ts` を作成します。

SAMPLE CODE src/index.ts

```
+ import './assets/tailwind.css';
+ export { default as PrimaryButton } from './components/buttons/PrimaryButton.+ vue'
+ export { default as SecondaryButton } from './components/buttons/+ SecondaryButton.vue'
+ export { default as MyDialog } from './components/dialog/MyDialog.vue'
+ export { default as InputText } from './components/forms/InputText.vue'
+ export { default as InputRadio } from './components/forms/InputRadio.vue'
+ export { default as ContentsLoader } from './components/loader/ContentsLoader.vue'
```

Vueコンポーネントの `default export` を含める必要があるため、 `{ default as コンポーネント名 }` の形式で再exportします。また、Tailwind CSSのユーティリティクラスも合わせて読み込むことでバンドルに含められます。この際、 `tailwind.config.js` に指定した `purge` の設定が参照され、コンポーネントで利用されているクラスのみがバンドルに含められます。

ライブラリモードの設定を記述する

次にviteのライブラリ用ビルド設定をします。viteにはライブラリモードが備わっており、 `vite.config.js` （または `.ts` ）で特定の記述をすることでライブラリとしてバンドルを生成します。

`App.vue` を用いたプレビュー用の設定ファイルは残しておくと役に立つので、本番ビルド時のみライブラリモードとなるように修正します。 `lib.name` は `package.json` の `name` プロパティと同じものにしましょう。

SAMPLE CODE vite.config.ts

```
import { defineConfig } from 'vite';
import vue from '@vitejs/plugin-vue';
+ import path from 'path';

export default defineConfig({
  plugins: [vue()],
+ build:
+   process.env.NODE_ENV === 'development'
```

▼

```
+     ? {}
+     : {
+       lib: {
+         entry: path.resolve(__dirname, 'src/index.ts'),
+         name: 'ushironoko-ui-components' // package.json の name と合わせる
+       },
+       rollupOptions: {
+         external: ['vue'],
+         output: {
+           globals: {
+             vue: 'Vue'
+           }
+         }
+       }
+     }
});
```

既存の `vite.config.ts` と比較すると `build` プロパティが追記されているのがわかります。`build` プロパティはライブラリ用のバンドルファイルをどのように出力するのかを記述する `lib` プロパティや、rollup自体のオプションをそのまま記述できる `rollupOptions` プロパティなどを指定できます。

`lib` プロパティにはライブラリモードビルドのときに読み込むエントリーポイントと、ライブラリ名を記述します。先ほど作成した `index.ts` を指定するとそれを起点にバンドルの生成がされます。

`rollupOptions` には `external` と `output` を指定しました。`external` にはバンドル生成時に依存関係をそのままにしておきたいものを指定します。Vue本体をバンドルに含めてしまうとライブラリのサイズが膨れ上がってしまうため、`external` に指定してUIライブラリ利用側で直接インストールしてもらうようにします。

`output.globals` はモジュールバンドラーを利用しないブラウザなどの環境において、依存関係で必要になるモジュールの名前を指定します。ここに指定されたモジュールはグローバル空間から参照するようなコードとしてバンドルに含まれます。

次のコマンドでライブラリ向けのバンドルを作成します。

```
npm run build
```

`dist` の配下にビルド成果物が生成されています。これで利用側でこのライブラリを含めたビルドをするときや参照するときに単一のバンドルから読み込むことができます。ライブラリとして公開した際には `package.json` に記述する特定のプロパティを記述して、利用側が参照できるファイルを指定します。このときに `dist` 配下のファイルを指定します。

05

UIコンポーネントライブラリで学ぶVue v3

U－コンポーネントライブラリで学ぶVue v3

| COLUMN | CDNから利用できるVue.js |

実はVue.jsはNode.jsを用いない環境でも利用できるようになっています。CDN版とも呼ばれ、htmlからスクリプトタグで特定のCDNプロバイダを指定して読み込みます。この際、読み込んだVue.jsはブラウザのグローバル空間に **Vue** という名前で登録されます。

```
<script src="https://unpkg.com/vue@3/dist/vue.global.prod.js"></script>
```

モジュールバンドラーを利用しない環境向けのバンドルファイル作成する場合、**output. globals** に **Vue** を指定します。その際に出力されるコードはこのCDN版などから読み込まれるVue.jsを参照するような形になっているため、合わせて読み込む必要があります。

ちなみに **lib.name** で指定した文字列も同様にグローバル空間から参照される際の名前として利用されます。

| COLUMN | モジュールバンドラーが必要な理由 |

バンドラーはファイルの依存関係、つまり **import** 文、**export** 文などによるファイル読み込みの関係を解釈して1つのファイルへすべてのコードを展開します。もともとはブラウザにモジュール解決の仕組みがなく、htmlではスクリプトの読み込み順を正しく記述しないと動作しないことがありました。

```
<body>
  <!-- a が b、b が c を読み込んでいる場合 -->
  <script src="./a-js">
  <script src="./c-js"> <!-- b を先に読み込まないと動作しない -->
  <script src="./b-js">
</body>
```

Node.jsの登場によってブラウザで利用される前にモジュールの依存関係を解決して1ファイルにまとめられるようになり、この問題を解消できるようになりました。また、ビルド中に高度な処理（TypeScriptやSassの変換など）も行えるという付加価値で、さらに開発のレベルが向上しました。

```
<body>
  <script src="./bundle-js"> <!-- すでに依存解決されている -->
</body>
```

モジュールバンドラーの歴史は長く、まだ **import** 文、**export** 文が存在しないころからブラウザ上でファイルの依存関係を解決してまとめるという試みがされてきました。今では主要なブラウザが **import** 文、**export** 文をそのまま解釈できるようになり、viteはブラウザでのモジュール解決を利用して開発中にバンドルを生成しない高速なサーバを実現させています。

▮▮▮ パッケージをnpmに公開する

`package.json` を編集する前にnpmアカウントを発行しておきましょう。ライブラリをnpm
へ公開するにはアカウントが必須となります。下記のページから発行できます。

- npm | Sign Up

  URL https://www.npmjs.com/signup

アカウント発行で入力した次の3つはターミナルからnpmへログインする際に必要になるた
め、メモをとっておきましょう。

- username
- password
- email

アカウントの発行が完了したらターミナルから次のコマンドを実行してサインインします。

```
npm adduser
```

先ほど入力した内容を聞かれるため、入力してください。

```
> npm adduser
Username: ushironoko
Password:
Email: (this IS public) apple19940820@gmail.com
Logged in as ushironoko on https://registry.npmjs.org/.
```

続けて `package.json` を次のように修正してください(`name` や `dist` 配下のファイル
名については適宜、修正してください)。

SAMPLE CODE package.json

```
{
  "name": "ushironoko-ui-components",
  "version": "0.0.0",
+ "repository": "https://github.com/ushironoko/ushironoko-ui-components.git",
  "scripts": {
    "dev": "vite",
    "tsc": "vue-tsc --noEmit",
    "build": "npm run tsc && vite build",
    "serve": "vite preview",
    "test": "jest"
  },
+ "types": "src/index.ts",
+ "module": "./dist/ushironoko-ui-components.es.js",
+ "main": "./dist/ushironoko-ui-components.umd.js",
+ "files": [
+   "dist",
+   "src/index.ts",
```

```
+     "src/components/*"
+  ],
+  "exports": {
+    ".": {
+      "import": "./dist/ushironoko-ui-components.es.js",
+      "require": "./dist/ushironoko-ui-components.umd.js"
+    },
+    "./style": "./dist/style.css"
+  },
+  "peerDependencies": {
+    "vue": "^3.0.5",
+    "@vue/compiler-sfc": "^3.0.5"
+  },
   "dependencies": {
     "axios": "^0.21.1",
     "vue": "^3.0.5"
   },
   "devDependencies": {
     "@typescript-eslint/eslint-plugin": "^4.25.0",
     "@typescript-eslint/parser": "^4.25.0",
     "@vitejs/plugin-vue": "^1.2.2",
     "@vue/compiler-sfc": "^3.0.5",
     "autoprefixer": "^10.2.5",
     "eslint": "^7.27.0",
     "eslint-config-prettier": "^8.3.0",
     "eslint-plugin-vue": "^7.9.0",
     "msw": "^0.29.0",
     "postcss": "^8.3.0",
     "postcss-nested": "^5.0.5",
     "prettier": "^2.3.0",
     "tailwindcss": "^2.1.4",
     "tailwindcss-pseudo-elements": "^2.0.0",
     "typescript": "^4.1.3",
     "vite": "^2.3.4",
     "vue-tsc": "^0.1.6"
   },
   "msw": {
     "workerDirectory": "public"
   }
}
```

それぞれのプロパティについて解説していきます。

▶ repository

　repository にはnpmのWebページで参照したときにリファレンス先として記述されるリポジトリのURLを記述します。

▶ types

　types にはそのライブラリを利用する側へ提供する型定義が入ったファイルを指定します。今回の場合、exportした各コンポーネントの型を利用側へ伝えるために index.ts を指定しています。

▶ moduleとmain

　module にはモジュールバンドラーがesモジュール(import 文、export 文で記述されたファイル)をサポートしている場合優先的に読み込んでもらうファイルを指定します。具体的にはrollupやwebpack2以降といったesモジュールを解釈できるモジュールバンドラー向けとなります。

　esモジュールを利用することで、未使用のファイルをバンドルから除外するTree Shaking(ツリーシェイキング)という機能を使えるようになり、バンドルサイズを削減できます。反対に main にはesモジュールの利用ができない環境向けのファイルを指定します。

▶ files

　files にはnpmへ公開するファイルやディレクトリを指定します。何も指定しない場合はすべてのファイルが公開されてしまうため、必要なものに絞りたい場合にホワイトリスト形式で記述します。今回作成したUIライブラリはビルド済みのファイルが置かれている dist と types プロパティで必要になる src/index.ts 、src/components/* としました。

▶ exports

　exports には、利用側が import などの構文で読み込めるファイルを指定します。exports に指定されたファイル以外は参照できなくなります。キーに読み込み方を指定して、その参照先のファイルを値に文字列で記述します。

　今回は import 文はesモジュール形式でバンドルしたファイル、require というNode.jsがサポートしているモジュール構文ではUMD形式でバンドルしたファイルを読み込む対象としました。UMDとは、ブラウザでも、Node.jsでも読み込める形式で記述されたファイルです。

　また、ビルドされたTailwind CSSのユーティリティクラスや style ブロックに記述されたCSSを利用側で簡単に読み込めるように、import 'ライブラリ名/style' をサポートするようにもしています。

▶ peerDependencies

　peerDependencies にはこのライブラリを利用する時に追加で必要なライブラリを記述します。今回作成したライブラリはバンドルにVue.js本体を含んでいないので、vue とテンプレートをコンパイルするのに必要な @vue/compiler-sfc を指定しました。

05

UIコンポーネントライブラリで学ぶVue v3

‖‖ npmへ公開する

　設定が記述できたのでパッケージとして公開していきます。まずは次のコマンドで公開ライブラリとしてのバージョンを決めましょう。

```
npm version patch
```

　自動的に `package.json` に記述されている `version` が上がります。 `patch` を指定するとパッチバージョンが上がります。マイナーバージョンを上げたい場合は `minor` 、メジャーバージョンを上げたい場合は `major` を渡しましょう。これらのバージョン管理の仕組みは**セマンティックバージョニング**と呼ばれています。

- セマンティック バージョニング 2.0.0 | Semantic Versioning
  - URL https://semver.org/lang/ja/

　バージョンを決めたのでリリースしましょう。次のコマンドを実行します。

```
npm publish
```

　npmへ公開されました。Webページから確認できます。

　URL https://www.npmjs.com/package/【package.jsonに指定したname】

公開したライブラリを利用する

　リリースされたUIライブラリを用いてCHAPTER 03で作ったカウンターアプリを修正してみましょう。カウンターアプリ上でnpmからインストールすれば利用できます。下記は一例です。

```
npm install ushironoko-ui-components // 自身のUIライブラリ名でインストールする
```

SAMPLE CODE main.js

```
import { createApp } from 'vue'
import App from './App.vue'
+ import 'ushironoko-ui-components/style'

createApp(App).mount('#app')
```

SAMPLE CODE App.vue

```
<template>
+ <div class="flex justify-center">
  <TheHeader text="My Counter" />
+ </div>
+ <div class="flex justify-center">
  <div v-if="!validationMessageList.length">{{ count }}</div>
  <div v-else v-for="message in validationMessageList" :key="message">{{ message }}</div>
+ </div>

- <BaseButton :disabled="hasMaxCount" @onClick="plusOne"
-   >+</BaseButton
- >
- <BaseButton :disabled="hasMinCount" @onClick="minusOne"
-   >-</BaseButton
- >
+ <div class="flex justify-center">
+ <SecondaryButton :disabled="hasMaxCount" @click="plusOne"
+   >+</SecondaryButton
+ >
+   <SecondaryButton :disabled="hasMinCount" @click="minusOne"
+     >-</SecondaryButton
+ >
+ </div>

- <div>
+ <div class="flex items-center justify-center">
-   <NumberInput v-model.numberOnly="inputCount" max="9999" min="0" />
-   <BaseButton @onClick="insertCount">insert</BaseButton>
+   <InputText label="count" type="number" v-model:value="inputCount" max="9999" min="0" />
```

▼

```
+    <PrimaryButton @click="insertCount">insert</PrimaryButton>
   </div>
</template>

<script>
import TheHeader from './components/TheHeader.vue';
- import BaseButton from './components/BaseButton.vue';
- import NumberInput from './components/NumberInput.vue';
+ import { InputText, PrimaryButton, SecondaryButton } from 'ushironoko-ui-components'

export default {
  components: {
    TheHeader,
-   BaseButton,
-   NumberInput,
+   PrimaryButton,
+   SecondaryButton,
+   InputText,
  },
  data() {
    return {
      count: 0,
-     inputCount: 0,
+     inputCount: "0", // InputTextが文字列のみ受け取るため修正
      isEditing: false,
    };
  },
  watch: {
    inputCount() {
      this.isEditing = true
    },
  },
  computed: {
    hasMaxCount() {
      return this.count >= 9999;
    },
    hasMinCount() {
      return this.count <= 0;
    },
    hasMaxInputCount() {
      return this.inputCount > 9999;
    },
    hasMinInputCount() {
      return this.inputCount < 0;
    },
    validationMessageList() {
      const validationList = []
```

```
      if(this.isEditing) {
        validationList.push('編集中...')
      }
      if(this.hasMaxInputCount) {
        validationList.push('9999以上は入力できません')
      }
      if(this.hasMinInputCount) {
        validationList.push('0以下は入力できません')
      }
      return validationList
    },
  },
  methods: {
    plusOne() {
      this.count++;
    },
    minusOne() {
      this.count--;
    },
    insertCount() {
      if(this.hasMaxInputCount || this.hasMinInputCount) return
      this.count = this.inputCount;
      this.isEditing = false
    },
  },
};
</script>

<style>
#app {
-   font-family: Avenir, Helvetica, Arial, sans-serif;
-   -webkit-font-smoothing: antialiased;
-   -moz-osx-font-smoothing: grayscale;
-   text-align: center;
-   color: #2c3e50;
-   margin-top: 60px;
+   margin: 0 auto;
+   padding-top: 60px;
+   max-width: 480px;
}
</style>
```

また、プロジェクトのTypeScript対応をするとimportしたコンポーネントの `props` やイベント名がエディタ上で補完されるようになります。余力がある方はこの章で行った設定などを参考にチャレンジしてみましょう。

この章のまとめ

この章では実際にプロダクトで使われる技術スタックやComposition APIを用いて本格的なUIライブラリの開発を行い、実装パターンを学びました。特に `emits` プロパティや `v-model` はv3になってから追加された機能が多く含まれており、TypeScriptとの相性も改善されているため学ぶコストに対しての効果が大きい要素です。

実際のアプリケーション開発ではこれらのコンポーネントから出力される状態をより広域で管理することになりますが、アプリケーション開発においてもこの章で学んだ知識が基礎として役に立ちます。

次のステップとして、作成したUIライブラリでアプリケーションを作ってみるのも良いでしょう。足りないコンポーネントを追加していき、ライブラリを継続的にメンテナンスすることもおすすめです。ぜひ自分だけのライブラリとして活用してください。

APPENDIX

Deep Dive Vue.js v3

　付録ではよりVue.js v3を使いこなすためのヒントを紹介します。Vue.jsを用いたプロダクション開発経験者向けの内容となっています。

ユーティリティクラスを
Vueコンポーネントに閉じる

CHAPTER 05にて利用したTailwind CSSですが、エントリーポイントで読み込んでバンドルに含める方式では問題になることがあります。たとえば、UIライブラリを利用する側でもTailwind CSSを採用している場合、ユーティリティクラス名が衝突する可能性があります。

解決策の1つとして、UIライブラリ側のVueコンポーネント内に閉じたユーティリティクラスを生成し、ライブラリ内のTailwind CSSが外部へ影響を及ぼさないようにする方法があります。

▐▐▐ Windi CSSでコンポーネントごとのユーティリティクラスをまとめる

Windi CSSはTailwind CSSのユーティリティクラスを動的に生成するためのコンパイラです。

● Windi CSSの公式サイト

URL https://windicss.org/

Windi CSSはコマンドラインからも使用することができ、引数で渡したHTMLファイル（もしくはテンプレートを含むファイル）に記述されているユーティリティクラスを抽出して単一のCSSへ出力できます。

Windi CSSは次のコマンドでグローバルにインストールできます。

```
npm install -g windicss
```

対象を指定して実行するには、次のコマンドのようにします。

```
windicss './hello.html' '.src/components/*.vue'
```

コマンドラインでは出力方法を指定するフラグを渡せます。 `-c` または `--compile` を指定するとコンパイルモードとしてビルドされます。

コンパイルモードはHTMLに記述されたユーティリティクラスをハッシュの付与された単一のクラスへ置き換えます。これにより、Tailwind CSSを使った別プロジェクトで利用する場合でもユーティリティクラス名の衝突を防げます。

その他のフラグについてはドキュメントを参照ください。

URL https://windicss.org/integrations/cli.html

次ページはCHAPTER 05で作成したUIライブラリコンポーネントをコンパイルモードでビルドした出力結果です。 **コンポーネント名.windi.vue** というコンポーネントと、それらで使われていたユーティリティクラスを展開してまとめた **windi.css** ファイルが生成されます。

A | Deep Dive Vue.js v3

```
❯ windicss -c src/components/**/*.vue
src/components/PostView.vue -> src/components/PostView.windi.vue
src/components/buttons/BaseButton.vue -> src/components/buttons/BaseButton.windi.vue
src/components/buttons/ButtonSample.vue -> src/components/buttons/ButtonSample.windi.vue
src/components/buttons/PrimaryButton.vue -> src/components/buttons/PrimaryButton.windi.vue
src/components/buttons/SecondaryButton.vue -> src/components/buttons/SecondaryButton.windi.
vue
src/components/dialog/DialogSample.vue -> src/components/dialog/DialogSample.windi.vue
src/components/dialog/MyDialog.vue -> src/components/dialog/MyDialog.windi.vue
src/components/forms/InputRadio.vue -> src/components/forms/InputRadio.windi.vue
src/components/forms/InputRadioSample.vue -> src/components/forms/InputRadioSample.windi.vue
src/components/forms/InputText.vue -> src/components/forms/InputText.windi.vue
src/components/forms/InputTextSample.vue -> src/components/forms/InputTextSample.windi.vue
src/components/loader/ContentsLoader.vue -> src/components/loader/ContentsLoader.windi.vue
src/components/loader/ContentsLoaderSample.vue -> src/components/loader/ContentsLoaderSample.
windi.vue
Matched files: [
  'src/components/PostView.vue',
  'src/components/buttons/BaseButton.vue',
  'src/components/buttons/ButtonSample.vue',
  'src/components/buttons/PrimaryButton.vue',
  'src/components/buttons/SecondaryButton.vue',
  'src/components/dialog/DialogSample.vue',
  'src/components/dialog/MyDialog.vue',
  'src/components/forms/InputRadio.vue',
  'src/components/forms/InputRadioSample.vue',
  'src/components/forms/InputText.vue',
  'src/components/forms/InputTextSample.vue',
  'src/components/loader/ContentsLoader.vue',
  'src/components/loader/ContentsLoaderSample.vue'
]
Output file: /Users/ushironoko/work/dev/ushironoko-ui-components/windi.css
```

　出力されたコンポーネントのテンプレートとCSSファイルの内容は次のようになっています（CSSは省略しています）。

SAMPLE CODE MyDialog.windi.vue

```
<template>
  <teleport v-if="visible" to="body">
    <div
      v-bind="$attrs"
      class="windi-180qum3"
      @click.stop="clickBackDrop"
    >
      <section
        class="windi-k5dz8f"
        @click.stop
```

```
      >
        <header>
          <div class="windi-1exj7vn">
            <slot name="title"></slot>
          </div>
        </header>
        <div class="windi-b5ts4e">
          <slot name="body" />
        </div>
        <footer>
          <slot name="footer"></slot>
        </footer>
      </section>
    </div>
  </teleport>
</template>
```

SAMPLE CODE windi.css

```css
.windi-180qum3 {
  display: -webkit-box; /* flex */
  display: -ms-flexbox; /* flex */
  display: -webkit-flex; /* flex */
  display: flex; /* flex */
  -webkit-box-align: start; /* items-start */
  -ms-flex-align: start; /* items-start */
  -webkit-align-items: flex-start; /* items-start */
  align-items: flex-start; /* items-start */
  -webkit-box-pack: center; /* justify-center */
  -ms-flex-pack: center; /* justify-center */
  -webkit-justify-content: center; /* justify-center */
  justify-content: center; /* justify-center */
  height: 100vh; /* h-screen */
  overflow-y: scroll; /* overflow-y-scroll */
  position: fixed; /* fixed */
  top: 0px; /* top-0 */
  left: 0px; /* left-0 */
  width: 100vw; /* w-screen */
  --tw-backdrop-blur: var(--tw-empty,/*!*/ /*!*/); /* backdrop-filter */
  --tw-backdrop-brightness: var(--tw-empty,/*!*/ /*!*/); /* backdrop-filter */
  --tw-backdrop-contrast: var(--tw-empty,/*!*/ /*!*/); /* backdrop-filter */
  --tw-backdrop-grayscale: var(--tw-empty,/*!*/ /*!*/); /* backdrop-filter */
  --tw-backdrop-hue-rotate: var(--tw-empty,/*!*/ /*!*/); /* backdrop-filter */
  --tw-backdrop-invert: var(--tw-empty,/*!*/ /*!*/); /* backdrop-filter */
  --tw-backdrop-opacity: var(--tw-empty,/*!*/ /*!*/); /* backdrop-filter */
  --tw-backdrop-saturate: var(--tw-empty,/*!*/ /*!*/); /* backdrop-filter */
  --tw-backdrop-sepia: var(--tw-empty,/*!*/ /*!*/); /* backdrop-filter */
```

01
02
03
04
05

A Deep Dive Vue.js v3

```
  -webkit-backdrop-filter: var(--tw-backdrop-blur) var(--tw-backdrop-brightness) var(--tw-
backdrop-contrast) var(--tw-backdrop-grayscale) var(--tw-backdrop-hue-rotate) var(--tw-
backdrop-invert) var(--tw-backdrop-opacity) var(--tw-backdrop-saturate) var(--tw-backdrop-
sepia); /* backdrop-filter */
  backdrop-filter: var(--tw-backdrop-blur) var(--tw-backdrop-brightness) var(--tw-backdrop-
contrast) var(--tw-backdrop-grayscale) var(--tw-backdrop-hue-rotate) var(--tw-backdrop-
invert) var(--tw-backdrop-opacity) var(--tw-backdrop-saturate) var(--tw-backdrop-sepia); /*
backdrop-filter */
  --tw-backdrop-blur: blur(12px); /* backdrop-blur-md */
}
```

　注意点として、Windi CSSはテンプレート上に記述されたクラスをそのまま読み取っている
だけなので、Vueの動的クラスに対応していません。スタイルの条件分岐をしたい場合はテン
プレートレベルで行う必要があります。

JSX(TSX)を利用する

Vue.jsは通常のテンプレートの他にJSXをサポートしています。Vue.js v3では公式でBabel
プラグインがサポートされており、すぐに利用できます。

URL https://github.com/vuejs/jsx-next

また、Vite用のプラグインも提供されています。こちらは `vite.config.js` で読み込むだ
けですぐに始められるためおすすめです。

SAMPLE CODE vite.config.js

```
import { defineConfig } from 'vite';
import vue from '@vitejs/plugin-vue';
+ import vueJsx from '@vitejs/plugin-vue-jsx';

export default defineConfig({
- plugins: [vue()],
+ plugins: [vue(), vueJsx()],
});
```

VueにおけるJSXは2通りの記述方法があります。1つはそのまま `.jsx` もしくは `.tsx` ファ
イルを用いる方法です。

```
import { defineComponent } from 'vue';

export default defineComponent({
  name: 'BaseButton',
  props: {
    handleClick: {
      type: Function,
      default: () => ({})
    }
  },
  setup(props) {
    return () => (
      <button onClick={props.handleClick()}>
        {slots.default ? slots.default() : ''}
      </button>
    )
  },
});
```

もう1つはSFCファイルのまま運用する方法です。こちらの場合、**setup** からJSXテンプレートを **return** できます。 **lang** 属性には **jsx** か **tsx** を指定します。

```tsx
<script lang="tsx">
import { defineComponent } from 'vue';

export default defineComponent({
  name: 'BaseButton',
  props: {
    handleClick: {
      type: Function,
      default: () => ({})
    }
  },
  setup(props) {
    return () => (
      <button onClick={props.handleClick()}>
        {slots.default ? slots.default() : ''}
      </button>
    )
  },
});
</script>
```

また、どちらのパターンでも **render** プロパティからJSXテンプレートを **return** できます。

```
import { defineComponent } from 'vue';

export default defineComponent({
  name: 'BaseButton',
  props: {
    handleClick: {
      type: Function,
      default: () => ({})
    }
  },
  render() {
    return (
      <button onClick={this.handleClick()}>
        {this.$slots.default ? this.$slots.default() : this.defaultText}
      </button>
    )
  },
  setup() {
    const defaultText = 'button';

    return {
```

```
      button,
    }
  },
});
```

JSXを用いることで、SFCファイル内に複数のコンポーネントを定義できます。これは vue templateではできないため用途によって使い分けることをおすすめします。たとえば、Tailwind CSSを用いている場合、動的CSSよりもテンプレートごと分岐した方が設計がきれいになるケースがあります。

また、**render** プロパティでは純粋な **h** 関数も利用できます。詳しくは公式のドキュメントを参照してください。

　URL　https://v3.ja.vuejs.org/guide/
　　　　　　　　render-function.html#render-%E9%96%A2%E6%95%B0

A

Deep Dive Vue.js v3

Vue v2向けにVue v3ライブラリを作成する

　Vue v3のコードはそのままVue v2に持ってくることができません。特に **Suspense** のような組み込みのコンポーネントや、**$attrs** の仕様変更などは互換性がないため、v3のみで利用できる機能も多くあります。一方でVue本体からインポートして使うコードに関しては特定のライブラリを用いることでv2上でも動作させることができます。

　URL https://github.com/vueuse/vue-demi

　vue-demiはコードが動作する環境を見て自動でインポート先を切り替えてくれるライブラリです。このライブラリでカバーできるのは主にComposition APIになります。Composition APIはv2上で動作させられるように用意されたライブラリが存在します。

　URL https://github.com/vuejs/composition-api

　vue-demiは、実行環境がv2であれば **@vue/composition-api** 、v3であれば **vue** から直接、Composition APIをロードします。vue-demiを使ったライブラリを導入する場合、利用側にもvue-demiをインストールする必要があります。ライブラリ提供側ではバンドルにvue-demiを含めないようにしましょう。たとえば、viteを用いてライブラリモードのビルドを行うときは、**vite.config.js** で **rollupOptions** の **external** に指定しましょう。

　vue-demiをインストールするには、次のコマンドを実行します。

```
npm install vue-demi
```

　vue-demiからComposition APIをインストールするように **BaseButton.vue** を修正します。

SAMPLE CODE src/components/buttons/BaseButton.vue

```
<template>
  <button class="px-2 rounded-md h-11" @click="handleClick">
    <slot />
  </button>
</template>

<script lang="ts">
import { defineComponent } from 'vue-demi'; // vue-demiからインポートする

export default defineComponent({
  name: 'BaseButton',
  emits: {
    click: null,
  },
  setup(_, { emit }) {
```

```
    const handleClick = () => {
      emit('click');
    };

    return {
      handleClick,
    };
  },
});
</script>
```

`vite.config.js`（`vite.config.ts`）で `external` に指定します。

SAMPLE CODE vite.config.js(vite.config.ts)

```
import { defineConfig } from 'vite';
import vue from '@vitejs/plugin-vue';
import path from 'path';

export default defineConfig({
  plugins: [vue()],
  build:
    process.env.NODE_ENV === 'development'
      ? {}
      : {
          lib: {
            entry: path.resolve(__dirname, 'src/index.ts'),
            name: 'ushironoko-ui-components'
          },
          rollupOptions: {
            external: ['vue', 'vue-demi'], // vue-demiを追加
            output: {
              globals: {
                vue: 'Vue'
              }
            }
          }
        }
});
```

あくまでComposition APIをユニバーサルに書けるというものなため、CHAPTER 05で作成したUIライブラリのようにv3固有の機能を用いたコードは動作しないことに注意してください。この方法が有効なのはVueUseのような合成関数のユーティリティライブラリを開発するケースになります。

URL https://github.com/vueuse/vueuse

■ EPILOGUE

　本書ではVue.js最新バージョンであるv3について、さまざまな角度からプロダクションで活用できる知識・コードノウハウを伝えたつもりです。一方で周辺エコシステムについてはほとんど触れませんでした。これは本書ではVue v3がv2と比べてどのように変化したのか、また昨今、Vue.jsと組み合わせて使われる技術を取り入れた場合にどのような「UI構築体験」が得られるのかにフォーカスしたいと思ったからでした。特にTypeScriptはそれなしでv3を語れないほど劇的に相性が向上し、Volarと合わせてぜひ体験していただきたいという思いでCHAPTER 05にて採用した形になりました。

　Vue.jsはあくまでリアクティブなUIを構築するためのライブラリであり、アプリケーションを作る上ではじめてVue Router（https://next.vue-test-utils.vuejs.org/）やVuex（https://next.vuex.vuejs.org/）のような周辺エコシステムの力が必要になってきます。本書を通してVue.jsでより高度なアプリケーションが作りたい、と思った方は次のステップとしてこれらエコシステムとのつなぎ込みにチャレンジするとよいでしょう。利用する際に必要な基礎は本書で十分に学べているはずです。

　また、近年はVue.js単体でWebアプリケーションを構築するよりも、Nuxt.jsを採用することが増えています。Nuxt.jsはVue.jsの技術でアプリケーションを作る上でのベストプラクティスを自然とこなせるような設計になっていて、こちらも次のステップとしては良い選択肢になります。本書執筆時点ではNuxt.jsがVue v3に対応していないため、Nuxt v3のリリースを待ってから触ってみるのもよいでしょう。

2021年6月

ushironoko

INDEX

■著者紹介

ushironoko　ヘイ株式会社フロントエンドエンジニア。STORESのフロントエンドアプリケーション開発に携わりながら、Tailwind CSSをベースにしたプロダクト横断のデザインシステム開発やレガシーアプリケーションのNuxt.js化を進めている。

◆Twitter：@ushiro_noko

◆GitHub：https://github.com/ushironoko

◆blog：https://ushironoko.me

編集担当：吉成明久／カバーデザイン：秋田勘助（オフィス・エドモント）
写真：©Maxim Kazmin - stock.foto

●特典がいっぱいのWeb読者アンケートのお知らせ

C&R研究所ではWeb読者アンケートを実施しています。アンケートにお答えいただいた方の中から、抽選でステキなプレゼントが当たります。詳しくは次のURLのトップページ左下のWeb読者アンケート専用バナーをクリックし、アンケートページをご覧ください。

C&R研究所のホームページ　**https://www.c-r.com/**

携帯電話からのご応募は、右のQRコードをご利用ください。

Vue.jsビギナーズガイド 3.x対応

2021年7月23日　初版発行

著　者	ushironoko
発行者	池田武人
発行所	株式会社　シーアンドアール研究所 新潟県新潟市北区西名目所4083-6（〒950-3122） 電話　025-259-4293　FAX　025-258-2801
印刷所	株式会社　ルナテック

ISBN978-4-86354-332-4　C3055

©ushironoko, 2021　　　　　　　　　　　Printed in Japan